비파괴검사 이론 & 응용 ❽

누설검사

■

한국비파괴검사학회

이용, 탁경주 著

| 머리말 |

1960년대 초에 도입되어 반세기의 역사를 지니고 있는 우리나라의 비파괴검사 기술은 원자력 발전설비, 석유화학 플랜트 등 거대설비·기기들에서부터 반도체 등의 소형 제품에 이르기까지 검사 적용대상도 다양해져 이들 제품의 안전성 및 품질보증과 신뢰성 확보를 위한 핵심 요소기술로서의 중심적인 역할을 분담하게 되었다.

특히 한국비파괴검사학회의 활동 중 비파괴검사기술자의 교육훈련 및 자격인정 분야에서는 그 동안 꾸준한 활동으로 산 · 학 · 연에 종사하는 많은 비파괴검사기술자를 양성하였고, ASNT Level Ⅲ 자격시험의 국내 유치, KSNT Level Ⅱ 과정의 개설을 위시하여 최근에는 ISO 9712에 의한 국제 표준 비파괴검사 자격시험의 도입을 준비 중에 있다.

이에 학회에서는 비파괴검사기술자들의 교육 및 훈련에 기본 자료로 활용하는 것 뿐만 아니라 비파괴검사 분야에 입문하는 분들이 비파괴검사를 체계적으로 이해하고 관련 실무지식을 체득할 수 있는 비파괴검사 이론 & 응용을 각 종목별로 편찬 보급하고 있다. 이 교재는 1999년도에 초판으로 발행된 비파괴검사 자격인정교육용 교재 8(누설검사)의 개정판이다.

책은 마음의 양식이요 지식의 근본이라 했다. 지식정보화의 시대를 살아가는데 지식은 미래의 값진 삶을 지향하기 위한 원천이다. 특히 전공 교재는 특정 영역의 체계적이고 가치 있는 내용을 담고 있는 지식의 근원이요 터전이다

본 비파괴검사 이론 & 응용은 비파괴검사 분야에 입문하는 자 및 산업체의 품질보증 관련 업무에 종사하는 초 · 중급 기술자는 물론 고급기술자 모두가 필수적으로 알아야할 비파괴검사 기술의 개요와 타 전문 분야와의 연관성 등에 한정하여 기술하고 있다. 아울러 이 교재에서는 현재 산업 현장에서 적용이 시도되고 있거나 연구개발 중에 있는 각종 첨단 비파괴검사 방법의 종류와 특징도 소개하고 있다

끝으로 본 교재의 출판에 도움을 주신 노드미디어(구. 도서출판 골드) 사장님과 자료 및 교정에 협조하여 주신 분들게 심심한 사의를 표하는 바이다.

2011년 10월
저자 씀

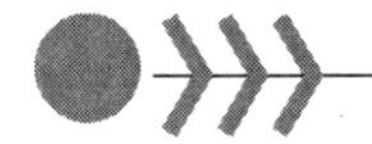

| 목차 |

CONTENTS

제 1 장 누설검사의 개요

제 1 절 누설검사의 개요 ······ 5

1. 누설검사의 정의 ······ 5
2. 누설검사의 적용 ······ 5
3. 누설검사의 기본방법 ······ 7
4. 누설검사에 사용되는 기본단위 ······ 10
5. 누설검사에 사용되는 계측기 ······ 11
6. 용어의 정의 ······ 18

제 2 절 누설검사의 원리 및 법칙 ······ 21

1. 기본압력과 온도 ······ 21
2. 기체의 상태 방정식 ······ 22
3. 누설물의 측정방법 ······ 24
4. 기체분자의 평균자유행로(mean free path) ······ 26
5. 기체 흐름의 형태 ······ 27

【 익 힘 문 제 】 ······ 29

제 2 장 누설검사의 방법

제 1 절 기포누설시험 ······ 31

1. 기포누설시험의 원리 ······ 31
2. 기포누설시험의 특성 ······ 31
3. 발포액 ······ 36

4. 기포누설시험의 종류 ······ 38

제 2 절 할로겐 누설시험 ······ 47

1. 할로겐 누설시험의 원리 ······ 47
2. 할로겐 누설시험의 종류 ······ 54
3. 할로겐 누설시험 방법 ······ 60

제 3 절 헬륨질량분석기 누설시험 ······ 62

1. 헬륨질량분석기 누설시험의 원리 ······ 62
2. 헬륨질량분석기 누설시험의 종류 ······ 66

제 4 절 압력변화시험 ······ 74

1. 압력변화시험의 원리 ······ 74
2. 압력변화시험의 특성 ······ 81
3. 압력변화시험의 종류 ······ 81
4. 누설감도에 영향을 주는 인자 ······ 84
5. 진공법에 사용되는 게이지 ······ 85
6. 흐름률(flow rate) 측정법 ······ 86

【 익 힘 문 제 】 ······ 89

제 3 장 ─ 기타 누설시험 방법

제 1 절 암모니아 누설시험 ······ 91

1. 적용원리 ······ 91
2. 시험방법 ······ 91
3. 암모니아 변색법의 주의사항 ······ 92
4. 암모니아와 혼용할 수 있는 추적자 ······ 92

제 2 절 음향누설시험 ······ 94

1. 음향누설시험의 원리 ······ 94
2. 음향누설시험의 특성 ······ 94
3. 대형용기의 검사 ······ 95
4. 초음파 누설신호의 관찰과 검출수단 ······ 96

제 3 절 기체방사성 동위원소법 ······ 97

1. 검사의 원리 ······97
2. 기체방사성 동위원소법의 특성 ······98
3. Na-24에 의한 누설시험 기법 ······99

제 4 절 침투탐상제에 의한 누설시험 ······100
1. 시험의 적용 ······100
2. 시험의 특성 ······100
3. 시험의 절차 ······100

제 5 절 액상 염료 추적자 누설검사 ······101
1. 적용 ······101
2. 액상추적자의 특성 ······101
3. 형광염료의 구성 ······101

제 6 절 기타 누설시험 ······104
1. 열 전도율법 ······104
2. 전기 전도율법 ······104
3. 반응열법 ······104
4. 적외선 분석법 ······105
5. 전자 포획법 ······106
6. 가스 크로마토 그래피법(색층분석법) ······106

제 7 절 규 격 ······107
1. 국내의 누설시험 관련규격 ······107
2. 외국의 누설시험 규격 ······108

【 익 힘 문 제 】 ······111

기 타 — 부록 Ⅰ, Ⅱ, 찾아보기, 참고문헌

부록Ⅰ KS-B-5648 질량분석계를 이용한 압력 및 진공용기 누출 시험 방법 ······113
부록Ⅱ ASME code Sec. Ⅴ, Art. 10 Leak Testing ······129
찾아보기 ······181
참고문헌 ······185

제 1 장　누설검사의 개요

제 1 절　누설검사의 개요

1. 누설검사의 정의

누설검사는 용기 등의 안과 바깥의 압력의 차이가 생겼을 때, 용기의 안과 바깥을 관통하는 통로 즉 관통구멍과 같은 흠집이 있으면 압력이 높은 쪽에서 낮은 쪽으로 압력경계를 통해 유체가 흐른다. 이때 흐르는 유체에 의해 발생하는 현상을 검출, 측정하여 용기의 건전성을 평가하는 것이다.

기체나 액체를 담고 있는 밀봉용기나 저장시스템 또는 배관 등에서 내용물의 유체가 새거나 외부에서 기밀장치로 다른 유체가 유입되는 것을 "누설(leak)"이라고 한다. 이러한 유체의 누출·유입이 없는지를 검사하거나, 유입·유출량을 검출하는 방법을 누설검사(leak test; LT)라고 하며 비파괴검사의 한 방법으로 이용되고 있다. 누설검사는 누설의 유무 및 누설위치, 누설 량을 검출하는 것을 '누설시험방법' 이라 하고, 누설되고 있는 가스나 유체의 종류의 파악과 농도를 계측하는 것을 "누설검지방법" 이라 하여 구분한다.

누설검사방법을 선정하는데 있어서 고려해야 할 요소들은 시험하에서 시스템의 구조, 형태, 크기, 검사의 용이성, 요구되는 시험시스템이 사용되어 질 수 있는 장소의 작업 조건 등이다.

표 1-1에 각종 누설시험방법과 그 선택 예를 정리하였다.

2. 누설검사의 적용

누설검사는 비파괴검사의 한 형태로써, 제품의 성능과 안전을 보장해 주는데 크게 도움을 준다. 누설검사를 하는 가장 중요한 목적은 장치를 사용하는데 방해가 되는 재료의 누설 손실을 막아주고, 돌발적인 누실로 발생할 수 있는 환경의 유해성을 예방하며, 설계 시방에 벗어나는 누설율을 가진 부적절한 제품을 가려내는데 있다.

다시 말하면 제품의 실용성과 신뢰성을 높여주고, 압력을 가하거나 진공을 유지하면서 유체를 담고 있는 장치의 조기 파괴를 방지하기 위한 것이다. 최근에는 기밀성을 필요로 하는 분야가 매우 많아 졌고, 각종 산업 분야에서 품질 보증을 위해 많이 활용하고 있다.

표 1-1 누설시험방법의 종류와 선택 예

종류		압력		용량*7	형상*7	교량*7	누설량		시험시간	시험난이	최소가능 누설량/*8 (Pa·m³/s)	구 성 예	비 고
		고	진공	대	복잡	다량	대	소	단◎ -장△	이◎ -난△			
기포누설시험	가압법	◎	○	◎	○	◎	◎	△	◎	◎	10^{-1}~10^{-4}	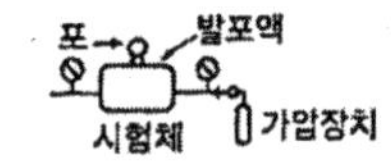 포 발포액 시험체 가압장치	*1
	진공법	○	◎	○	△	○	◎	△	◎	◎	10^{-1}~10^{-4}	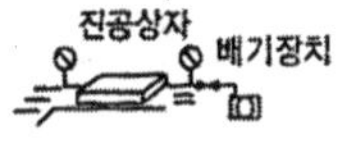 진공상자 배기장치	*1
헬륨누설시험	가압법	◎	○	○	○	○	○	◎	○	○	10^{-7}~10^{-8}	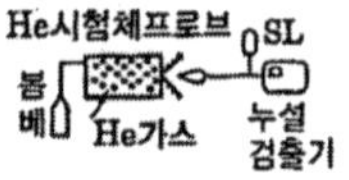 He시험체프로브 SL 봄베 He가스 누설 검출기	*1, *2, *3, *4
	진공법	○	◎	○	○	○	○	◎	△	○	10^{-10}~10^{-12}	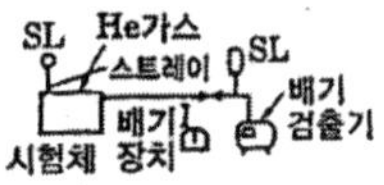 SL He가스 스트레이 SL 배기 검출기 시험체 배기 장치	*1, *2, *3, *4
압력변화시험	가압법	◎	○	◎	◎	○	◎	○	△	◎	–	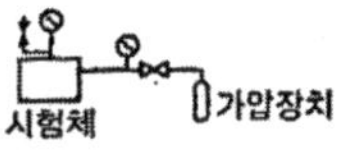 시험체 가압장치	*6
	진공법	○	◎	○	◎	○	◎	○	△	◎	–	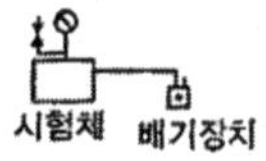 시험체 배기장치	*6
암모니아누설시험	가압법	◎	○	◎	○	○	○	○	○	◎	10^{-4}~10^{-9}	 가압계 검사제 암모니아 시험체	*1, *3, *5
	진공법	○	○	○	△	△	○	○	○	○	10^{-4}	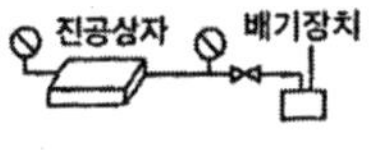 진공상자 배기장치	*1, *3, *5
할로겐누설시험	가압법 / 진공법	○	○	○	○	○	○	○	◎	○	10^{-6}~10^{-7}	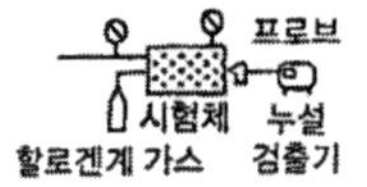 프로브 시험체 누설 검출기 할로겐계 가스	*1, *3

*1: 누설 개소를 알 수 있음
*2: 밀봉 부품의 누설시험이 가능함
*3 : 가스 용품의 누설시험이 가능함
*4 : 누설량의 값을 쉽게 알 수 있다.
*5 : 독성 및 폭발에 충분히 주의
*6 : 시험체의 용기가 크면, 미소 누설의 검출이 어려움
*7 : 용량이 작고, 형상이 단순하며, 수량이 적은 경우의 각 시험이 용이함
*8 : 시험체의 용적, 시험조건에 따라 다르다.

각종 원자력 구조물, 압력용기 및 탱크, 화학 플랜트 및 배관, 공조기기, 진공장치, 전자부품, 자동차 부품, 정밀기계 등 여러 분야에서 이 검사를 이용하고 있다.

3. 누설검사의 기본방법

누설검사의 방법에는 추적가스를 이용하는 방법, 제품의 물리적 특성을 이용하는 방법, 화학적 변화를 이용하는 방법 등 여러 가지가 있으며, 가스저장용기, 석유저장탱크 등의 누설검사에 이용되는 가장 기본적인 방법으로 내압(가압)시험과 기밀(진공)시험으로 구분 할 수 있다.

1) 내압시험

내압시험은 고압가스 용기와 보일러 등의 내압용기가 사용 중의 압력에 잘 견디는지의 여부를 알기 위해 실시하는 시험으로, 시험 압력은 최고사용압력(설계압력)의 1.25~1.5배까지 가압한 후, 일정시간 압력을 유지시키면서 검사하는 방법이다. 일반적으로 수압시험과 기압시험으로 크게 구별되며, K.S규격에 따르면 기압시험은 최고사용압력의 1.25배를 시험압력으로 하고, 수압시험에서는 1.5배를 시험압력으로 한다. 대부분의 경우 설계압력의 25[%]를 초과하지 않는 압력으로 시험을 한다.

비파괴검사 방법으로서의 누설검사의 분류는 추적자의 종류에 따라 기포누설시험-가압법, 할로겐다이오드 스니퍼시험, 헬륨 질량분석시험, 압력변화 시험법, 암모니아 누설법, CO_2법, SO_2법 등이 있으며, 가압할 수 있는 시험품에 대해 적절한 방법을 선택하여 검사할 수 있다.

가압기체로 가장 많이 사용되고 또한 실용적인 것은 공기이며, 그 밖에 질소, 냉매가스, 헬륨, NH_3 등이 사용된다.

가) 수조식 내압시험

① 용기를 수조에 넣고 수압으로 가압한다.

② 수압에 의해 용기가 팽창함에 따라 그 팽창된 용적만큼 물이 압축되어 팽창계에 나타난다. 이것을 전증가량이라 한다.

③ 용기내부의 수압을 제거한 후 용기의 영구팽창 때문에 팽창계의 물이 수조내로 완전히 돌아가지 않고 팽창계에 남게 되는데, 이 남은 물의 양을 항구증가량이라 한다.

④ 이런 조작에 의해 얻어진 항구증가량과 전증가량의 백분율(%)을 항구증가율이라 한다.

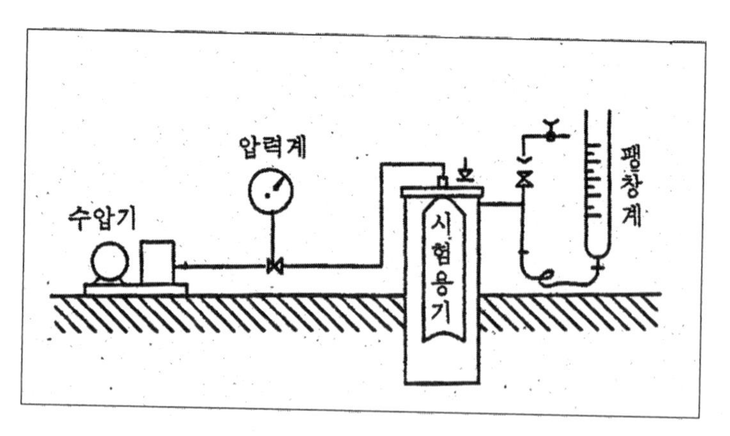

〔그림 1-1〕 수조식 내압시험

나) 비수조식 내압시험

① 용기를 수조에 넣지 않고 용기에 직접 수압으로 가압한다.

② 수압을 가한 용기내에 최초수압 이전에 들어간 물의 양과의 차이가 전증가량이 된다.

③ 용기내부의 수압을 제거한 후 용기의 영구팽창 때문에 용기에 남아있는 물의 양을 항구증가량이므로 계산하여 항구증가율을 구할 수 있다.

④ 이때 압입된 물은 내압시험 압력으로 가압 되므로 압축계수를 사용하여 수량을 보정해야 하며, 이때의 온도도 중요한 변수가 된다.

⑤ 대형용기나 특수 형상 또는 수조식에서 시험하기 어려운 경우에 사용한다.

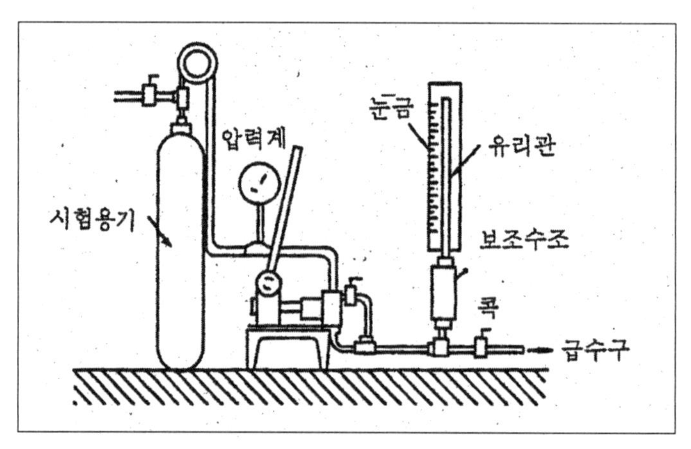

〔그림 1-2〕 비수조식 내압시험

2) 기밀시험

기밀시험은 시험체가 요구되는 밀폐구조를 만족하는지 여부를 시험하는 것으로 소형 제품 등 초집적회로 등에 많이 사용된다. 대부분의 기밀시험은 공사완료 후 접합부 등의 이상 유무를 확인하여 가스누설여부를 검사하는 방법이다. 배관 등의 강도는 내압 시험에서 확인하고, 기밀시험은 내압시험 압력보다 낮은 상태에서 공기 또는 질소 등의 불연성 가스로 시험한다.

가) 기밀시험방법

① 압력 조정기 출구에서 배관의 접속부분을 분리하고 그림 1-3과 같이 배관 측에 A, B콕을 연결한 3방향 이음쇠, 공기펌프 및 자기압력계를 연결한다.
② 각 연소기 앞에 설치된 콕을 모두 잠근다.
③ 중간밸브를 연다.
④ 시험용 기구 연결상태를 확인한다.
⑤ A, B콕을 열고 펌프를 작동시켜 자기압력계의 지침이 규정압력이 되면, A콕을 닫고 소정시간을 유지하여 압력계의 지침이 내려가지 않으면 이상이 없는 것이다.

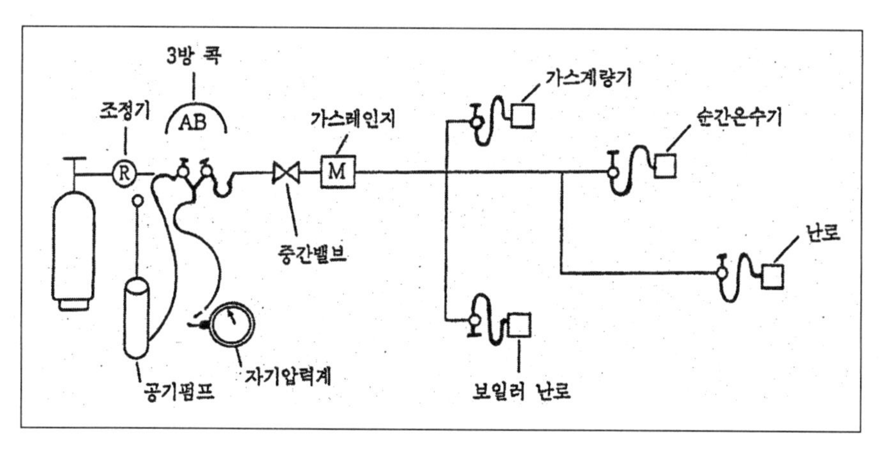

〔그림 1-3〕 기밀시험의 예

나) 누설시의 조치

자기압력계의 지침이 내려가면 다음의 방법에 의하여 누설부위를 찾아낸 다음 보수하고 다시 기밀시험을 행한다.

① 검지기에 의한 방법

② 누설 검지액에 의한 방법
③ 구간별로 나누어 기밀시험을 하는 방법

4. 누설검사에 사용되는 기본단위

누설율의 측정에 사용되는 단위는 std·㎤/s, atm·㎤/s등이며, 최근에는 SI단위로서 Pa·㎤/s가 사용된다. 누설의 측정은 주어진 온도, 압력, 가스량의 체적을 이용하며, 누설율은 단위 시간당 체적과 압력의 변화로서 측정된다.

(1) 압력단위의 환산

1atm = 101.3 ㎪
= 760 ㎜Hg
= 760 torr
= 14.7 psi
= 1.03 kgf/㎠

1 Pa = 1 N/㎡

1 kgf = 14.22 psi

1 N/㎡ = 1.03×10^{-5} kgf/㎠

압력단위의 환산 예

275 ㎪ = 27,5000 N/㎡
= 2,805 kgf/㎠
= 40 psi

(2) 가스흐름율의 환산

1 lusec = 1.316×10^{-3}atm-cc/sec
= 4.74 ml/hr

1 clusec = 0.01 lusec

1 torr - liter/sec = 1000 lusec

1 mbar - liter/sec = 0.761 lusec

(3) 온도의 환산

0℃ = 273 K = 459.6 °F

K = 273.15+℃ = (459.6+°F)/1.8

R = (화씨의 절대온도) = 459.6 + °F

°F = 32+℃ ×9/5

℃ = 5/9×(°F-32)

5. 누설검사에 사용되는 계측기

가. 계측기의 사용목적 및 조건

1) 계측기의 사용목적

계측기는 다음과 같은 목적으로 사용된다.

① 조업조건의 안정

② 설비의 효율과 안전관리

③ 인원절감

2) 계측기의 구비조건

① 내구성

② 신뢰성

③ 경제성

④ 연속성

⑤ 보수성

3) 계측기의 사용단위

① 기본단위 ; 길이(m), 무게(kg), 시간(s), 온도(K)

② 유도단위 ; 넓이(m^2), 부피(m^3), 속도(m/s), 가속도(m/s^2), 열량(kcal), 유량(m^3/s)

나. 온도계

물체의 온도를 측정하는 계기로 다음과 같이 분류할 수 있다.

1) 접촉식 온도계

① 유리 온도계 : 유리관 속에 든 액체의 온도에 따른 부피 변화를 이용한 온도계.(수

은 온도계, 알코올 온도계, 베크만 온도계)

② 저항 온도계 : 온도가 올라가면 전기 저항이 올라가는 현상을 이용한 온도계 (백금 온도계, 구리 온도계, 니켈 온도계)

③ 열전도 온도계 : 두 가지 금속으로 접점을 만든 것으로 양 접점에 온도차가 발생할 때 나타나는 기전력을 이용한 온도계(백금-리듐 온도계, 크로멜-알루멜 온도계, 철-콘스탄탄 온도계, 구리-콘스탄탄 온도계)

2) 비접촉식 온도계

① 방사 온도계(radiation pyrometer)
고온의 물체로부터 방사되는 모든 파장의 전방에너지를 측정하여 온도를 구하는 방식으로 비교적 높은 온도를 측정할 수 있다. 측정온도의 범위는 50 ~ 3,000℃이다.

② 광 고온계(optical pyrometer)
필라멘트로부터 가시광과 미지의 열원으로부터 복사를 광학적으로 비교하여 온도를 측정한다. 측정온도의 범위는 700 ~ 3,000 ℃이다.

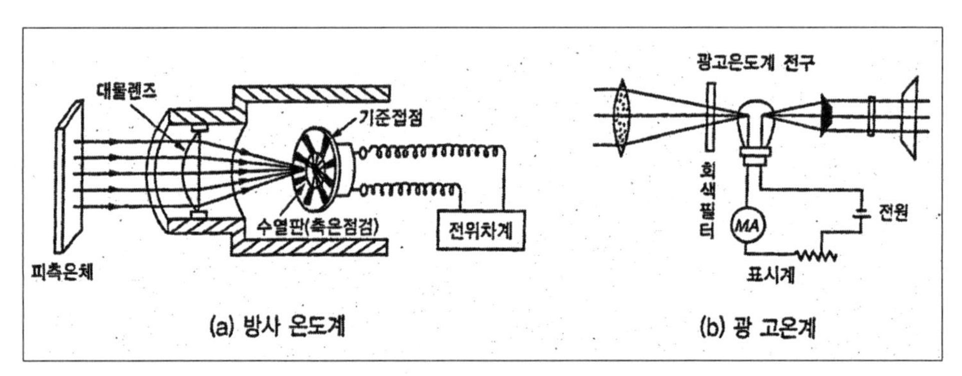

〔그림 1-4〕 대표적인 온도계 구성

③ 색 온도계(color pyrometer)
고온의 복사에너지는 온도상승에 따라 색이 변하게 되는데 이러한 색깔변화로 온도를 측정한다. 온도에 따른 색깔의 변화는 다음 표와 같다.

표 1-2 온도에 따른 색깔의 변화

온도(℃)	색 깔	온도(℃)	색 깔
600	어두운색	1,500	황백색
800	붉은색	2,000	눈부신 흰색
1,000	오렌지색	2,500	푸른기가 있는 백색
1,200	노란색		

표 1-3 누설검사용 온도계의 종류 및 특징

종 류		특 징
접촉식 온도계	유리 온도계	유리관 속에 든 액체의 온도에 따른 부피 변화를 이용한다. 수은 온도계, 알콜 온도계가 있다.
	저항 온도계	온도가 올라가면 전기 저항이 올라가는 현상을 이용한 온도계로 백금 온도계 등이 있다.
	열전도 온도계	서로 다른 두 금속선을 접합시키면 그것에 기전력이 발생한다는 Seebeck 효과를 이용한다. 크로멜-알루멜, 구리-콘스탄탄, 철-콘스탄탄 열전대 등이 있다.
비접촉식 온도계	방사 온도계	물체로부터 방사되는 복사 에너지를 측정하여 온도를 구한다.
	광 고온계	필라멘트로부터 가시광과 미지의 열원으로부터 복사를 광학적으로 비교하여 온도를 측정한다.
	색 고온계	고온의 복사 에너지는 온도 상승에 따라 색이 변하는데 이러한 색깔 변화로 온도를 측정한다.

다. 압력계

압력은 압력을 받는 부분과 중력 또는 탄성복원 재료를 사용하여, 그 효과를 변형으로 바꾸어 측정한다. 압력의 측정 방법을 포괄적으로 분류하기는 어려우나 크게 중력식과 탄성식으로 나눌 수 있다 이들의 특징을 정리하여 표1-4에 나타내었다

압력계는 진공부터 고압까지 측정할 수 있도록 1차 및 2차 압력계를 사용하여 압력을 측정하는 기기를 말한다.

1) 중력식 압력계

이미 알고 있는 압력과 비교하여 측정하는 압력계를 말한다.

① 자유 피스톤식 압력계

피스톤 위에 추를 올려놓고 실린더내의 액압과 균형을 이루면 게이지 압력은 추와 피스톤의 무게를 실린더의 단면적으로 나누면 된다. 압력계는 감도가 좋아 버돈관 압력계의 눈금교정에 사용되며 또 연구실용으로 사용된다.

② 액체기둥(액주)식 압력계

지름이 일정한 유리관 하부를 U자형으로 구부려 만든 가장 간편한 압력계로 액기둥의 높이로 압력을 측정한다.

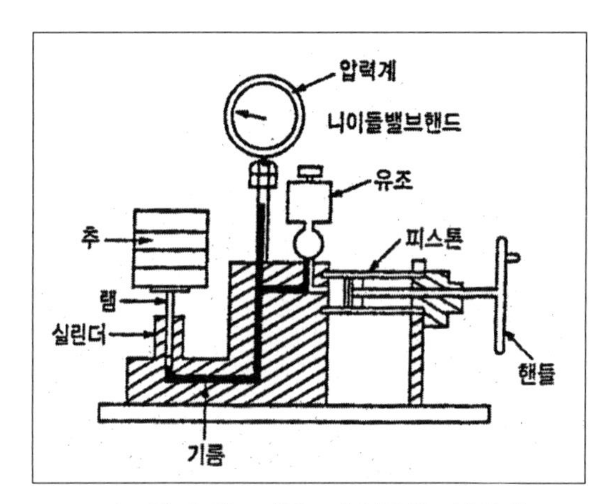

〔그림 1-5〕 자유 피스톤식 압력계

2) 탄성식 압력계

탄성의 변위와 물리적 현상을 이용하여 측정하는 압력계로 비교적 다양한 분야에서 사용된다.

① 버돈관 압력계(Bourdon tube gage)

(가) 금속의 탄성 원리를 이용하여 압력을 측정하며, 고압장치에 가장 많이 사용되는 2차 압력계의 대표적인 것이다.

(나) 관의 재질은 저압용으로 황동, 청동, 인청동, 니켈을 사용하고 고압용으로 니켈강등 특수강을 사용한다.

(다) 상용압력의 1.5배 이상 2배 이하의 눈금이 있는 것을 사용한다.

② 다이아프램 압력계(Diaphragm manometer)

(가) 극히 낮은 압력을 측정시 사용한다.

(나) 부식성을 가지는 유체의 압력측정도 가능하다.

(다) 응답속도가 빠르다.

(라) 측정범위는 20~5000 ㎜Hg이다.

③ 벨로우즈 압력계(Bellows manometer)

(가) 구조가 아주 간단하고 먼지 등의 영향이 적다.

(나) 0.001Pa의 압력을 측정할 수 있다.

④ 전기저항 압력계

(가) 금속의 전기저항이 압력에 의하여 변화되는 것을 이용한다.

(나) 초고압 측정에 사용한다.

⑤ 스트레인 게이지

(가) 저항변화를 민감하게 하면 급격한 압력변동에도 높은 정밀도로 측정할 수 있다.

(나) 적당한 변형계 소자와 압력에 의해 변형을 주면 압력을 알 수 있다.

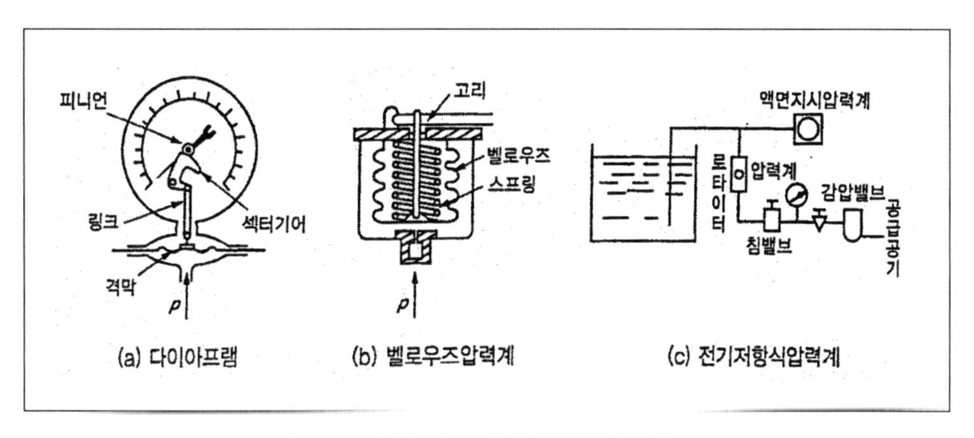

〔그림 1-6〕 2차 압력계의 종류와 구성

표 1-4 누설검사용 압력계의 종류 및 특징

종 류		특 징
중력식 압력계	자유피스톤식 압력계	피스톤 위에 추를 올려 놓고 실린더 내의 액압과 균형을 이루면 게이지 압력은 추와 피스톤 무게를 실린더 단면저으로 나눈다.
	액체기둥식 압력계	지름이 일정한 유리관 하부를 U자형으로 구부려 만든 가장 간편한 압력계.
탄성식 압력계	버돈관 압력계 (bourdon tube)	금속의 탄성 원리를 이용한다. 관의 재질은 저압용으로 황동, 청동 등을 사용하고, 고압용으로 니켈강 등 특수강을 사용한다.
	다이아프램 압력계 (elastic diaphragm)	아주 낮은 압력을 측정할 대 사용하며, 부식성을 가지는 유체의 악력 측정도 할 수 있다
	벨로우즈 압력계 (bellows)	구조가 아주 간단하고 먼지 등의 영향이 적으며, 0.001Pa의 압력을 측정할 수 있다.

라. 액면계

압력용기나 저장탱크의 저장량을 조절하기 위해서 필요한 계측기이다.

(1) 유리관식 액면계(gage glass)

원형 유리수면계, 평형반사식, 평형투시식 등이 있다.

(2) 검척식 액면계

직관식이라고 하며, 액면의 높이를 직접 자로 재는 것이다.

(3) 플로트식 액면계(부자식 액면계)

플로트(부자)를 액면에 직접 띄워서 플로트의 움직임을 직접 지시하거나 변환시켜 측정한다.

(4) 편위식 액면계(디스플레이먼트 액면계)

플로트(부자)의 부력에 의해 토크 튜브의 회전각이 변해 액면을 지시하는 방법을 이용한다.

(5) 차압식 액면계

기준수위의 압력과 측정액면과의 차이를 측정하는 방법이다.

(6) 기포식 액면계

탱크속의 관을 삽입하고 압축공기를 보내어 압축공기와 액면이 같다고 인정하여 측정하며 퍼지식 액면계라고도 한다.

(7) 저항 전극식 액면계 : 액면 지시용보다는 경보용으로 이용된다.

(8) 초음파식 액면계 : 음의 반사를 이용하는 방법이다.

(9) 방사선식 액면계 : 밀폐 탱크나 부식성 액체 탱크에 사용되며 감마(γ)선 등의 방사선투과력을 이용한 것이다(방사선 강도가 액면에 따라 달라진다).

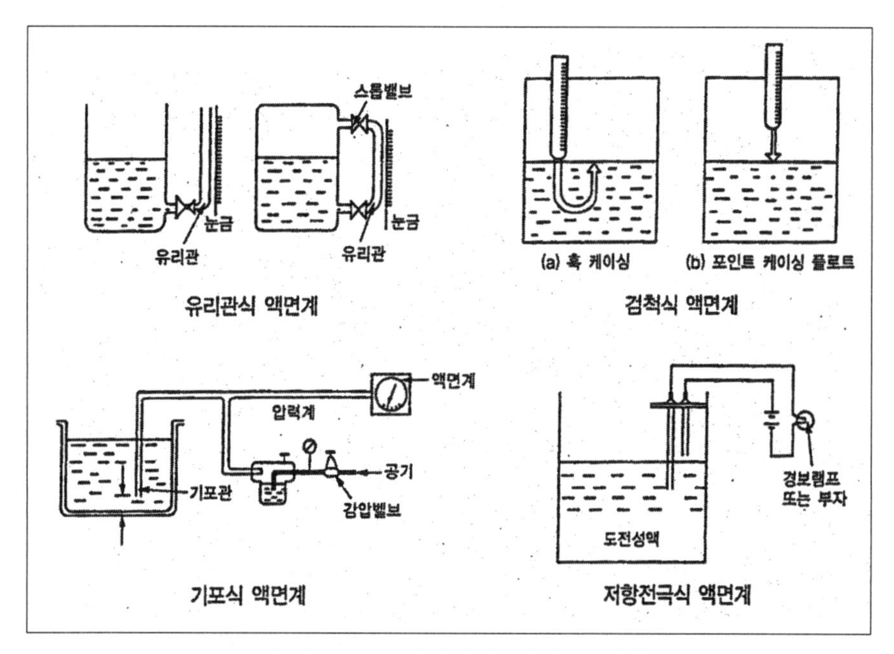

〔그림 1-7〕 액면계의 종류와 구성

마. 유량계

1) 면적식 유량계

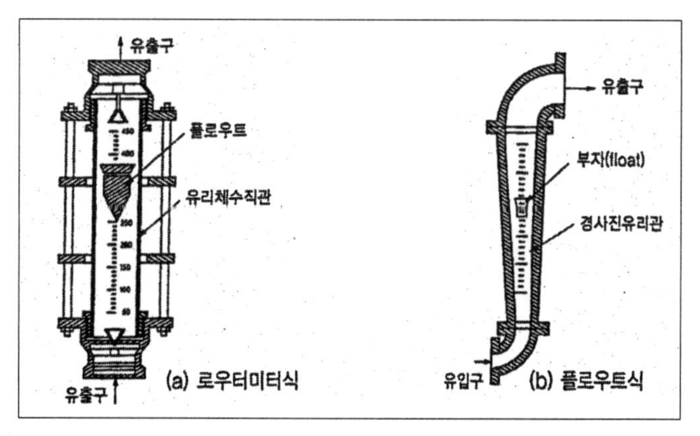

〔그림 1-8〕 면적식 유량계의 종류

관로에 흐르는 유체의 차압을 일정히 유지하면서 조리개의 면적을 바꿔 면적변화로 유량을 측정한다.

2) 용적식 유량계

일정한 용적의 공간을 만들어 그 속에 유체를 흘려 보내 회전자의 회전수를 측정하는 적산식 유량계이다.

6. 용어의 정의

1) 가압시험(pressure testing) : 시험체 내부에 압력을 가한 후 시험체의 내부에서 외부로의 기체 누설을 검출기를 이용하여 측정하는 방법
2) 가연성 가스(burnable gas) : 폭발범위 하한이 10%이거나 상한과 하한의 차가 20%인 가스
3) 가청누설지시계(audible leak indicator) : 누설신호를 가청주파수가 누설율의 함수인 가청음으로 바꾸는 누설검출기의 부속기기
4) 게이지 압력(gage pressure) : 절대압력과 대기압력의 차이를 나타내며, 진공법에서는 거의 적용하지 않는다.
5) 격리시험(isolation test) : 펌프를 진공장치에서 분리한 다음, 압력 증가율을 관찰하여 진공장치내의 누설유무를 판단하거나 그 양을 추정하는 방법
6) 기포누설시험(bubble test) : 시험체의 한쪽을 가압(감압)을하고 그 반대쪽과의 압력차에 의하여 생기는 누설부위에서 기포를 형성시켜 검사하는 방법
7) 농도(concentration) : 총 체적에서 하나 또는 그 이상의 가스들이 차지하는 부분체적
8) 누설감도(sensitivity of leak test) : 기기, 방법 또는 시스템이 규정된 조건하에서 검출할 수 있는 최소 누설율
9) 누설율(leak rate) : 규정된 압력 및 온도에서 단위 시간당 누설부위를 통과한 가스나 액체의 양($Pa \cdot m^3/s$)
10) 동적 누설시험(dynamic leak test) : 추적가스가 들어있는 챔버가 연속적으로 펌핑되면서 검출기에 흡입하여 검출하는 방법
11) 러핑선(roughing line) : 예비 펌핑이 1차 진공범위 내에서 실시되는 곳까지 진공챔버에서 기계 펌프까지 연결된 선
12) 루섹(lusec) : 영국에서 사용하는 누설율의 단위이며, 자체로 누설율의 단위가 된다.

13) 발포액(bubble solution) : 기포누설시험에서 기포를 형성시키는 용액(일반적으로 글리세린, 액상세제, 물과의 혼합물질). 발포용액이라고도 한다.

14) 배기공간(backing space) : 배기펌프와 확산펌프 사이의 공간

15) 배기시간(pump-down time) : 진공을 유지하는 시간

16) 배기방출(bake out) : 펌핑하는 과정동안 가열에 의한 진공시스템의 열에 의해서 가스가 방출되는 현상

17) 배경신호(background singnal) : 잔류된 추적가스나 검출기의 응답요인에 의한 누설검출기의 변화된 신호

18) 분사프로브(spray probe) : 진공시험 하에서 시험체 외부에 추적가스를 직접 분사하는 장치

19) 분자 누설(molecular leak) : 기체가 분자흐름의 법칙을 준수하여 통과하는 기하학적 형상의 누설. 기체의 흐름은 양쪽 틈새의 압력차이에 비례하고 기체의 분자량의 제곱근에 반비례한다.

20) 수압시험(hydrostatic test) : 시험 할 탱크 등에 물 또는 다른 액체로 완전히 채워서 액압을 받는 부분에 소정의 수압을 걸어 이상유무를 확인하는 시험

21) 완류(drift) : 누설검출기의 백그라운드 출력수준의 변화가 추적기체 수준의 변화보다는 전자적인 이유로 비교적 늦은 변화를 나타내는 현상

22) 완결시간(clean up) : 추적기체가 누설탐지기에 더 이상 들어가지 않을때 나타나는 출력신호의 37% 정도로 감소하는데까지 걸리는 시간

23) 흐름율(flow rate) : 누설부위에 있어서 기체가 주어진 시스템의 단면적을 통과하는 비율. 즉, 단위시간당 압력의 변화에 의해 누설된 유체의 체적을 말함. 단위는 $Pa \cdot m^3/s$이다.

24) 유사누설(virtual leak) : 흡입가스의 느린 배출로 인한 진공시스템에 있어서의 허위 누설지시. 가상누설이라고도 한다.

25) 응답시간(response time) : 누설검출기나 누설시험 시스템에서 출력신호가 최대 신호에서 63% 감쇠되는 시간, 즉 출력기기상에 지시가 나타나고 안정화하는데 요하는 시간

26) 음향누설검출기(audio leak indicator) : 누설부위에서 발생하는 기체의 주파수를 음향의 신호로 바꾸어 주는 누설검출기

27) 이상기체(ideal gas) : 완전기체로서 표준상태에서 보일의 법칙과 샤를의 법칙을 만족하는 기체로서 자유 팽창열이 "0" 인 기체.

28) 절대압력(absolute pressure) : 기체의 실제 압력으로, 완전 진공인 때를 0으로 하고 표준대기압은 1.033이다. 게이지압과 대기압과의 합의 값이다.

29) 절대압력계(absolute manometer) : 기기의 물리적인 힘을 측정할 수 있는 교정된 압력게이지

30) 증기압(vapor pressure) : 용기에 액체를 충전시켰을 때의 증기의 압력을 말함

31) 진공(vacuum) : 대기압 상태에 있는 주어진 공간을 대기압 이하로 압력을 낮추는 것

32) 진공용기(bell jar) : 진공함이나 시험용기에 사용되는, 아래쪽은 열려있고 위쪽은 밀폐되어있는 종모양의 용기

33) 진공용기시험(bell jar testing) : 진공용기에 시험체를 넣고 시험체의 외부(또는 내부)를 배기하여 시험체의 외부(또는 내부)로 누설되는 추적가스로 검출하는 방법. 헬륨누설시험의 가압 진공법의 한 방법.

34) 질량분석기(mass spectrometer) : 필라멘트의 전자빔에 의해 이온화되어 생성된 이온이 자장을 통과할 때, 질량차이로 서로 다른 원 궤도를 나타내므로 궤적에 맞는 이온만을 검지할 수 있는 기기. 보통 헬륨 사용

35) 최소 검출 누설율(minimum detectable leak ratio) : 주어진 시험시간, 압력에서 단위시간당 최소로 검출할 수 있는 누설율

36) 추적가스(tracer gas) : 규정된 누설검출기에 의해서 감지할 수 있는 누설부위를 통과하는 가스(search gas)

37) 침지 시험법(bumb test) : 시험체를 가압탱크에서 추적가스로 가압한 후 시험체 바깥쪽을 진공 배기하여 검사하는 방법

38) 탈기체(out gassing) : 진공시스템에서 모든 가스가 방출되는 현상

39) 표준누설(standard leak) : 누설검출기를 교정하고 조정한 상태에서 어떠한 누설 검출기나 누설시스템에서 허용된 추적가스의 양

40) 표준 대기압(atmospheric pressure) : 규정된 장소와 시간에서 표준 대기압력, 표준대기압은 1.033 kgf/㎠임

41) 프로브(probe) : 추적기체의 흐름을 수집하거나 추적기체의 방향을 알기위해 사용하는 한쪽 끝이 열린 관모양의 부속기기.

42) 프로브 가스(probe gas) : 시험부위의 미세한 누설부위에서 발생하는 가스

43) 할로겐가스(halogen gas) : 불소(F), 염소(CI), 브롬(Br), 요오드(I) 및 이들의 혼합 성분가스를 총칭함

44) 할로겐누설검출기(halogen leak detctor) : 할로겐 추적가스를 검지할 수 있는 누설검출기, 할라이드 누설검출기라고도 하며, 가열양극에서 양이온의 증가로 음극에서 전류가 증폭되어 검출하는 기기

45) 헬륨 누설검출기(helium leak detector) : 추적가스로 헬륨을 사용하는 검출기

46) 흡입 탐촉자(sniffer probe) : 추적 기체를 빨아들여 누설부의 위치를 탐지하는 누설 탐촉자로 탐촉자의 뒷단에 누설탐지기를 연결하도록 되어 있다.

47) 흡수(absorption) : 누설검사시 기체가 고체나 액체 내부로 결합되는 현상(흡착)

제 2 절 누설검사의 원리 및 법칙

1. 기본압력과 온도

가. 압력(pressure)

압력(pressure)이란 단위 면적에 가해지는 힘으로, 국제 단위 체계(SI)에서는 Pa(Pascal)이라는 단위를 사용한다.

$1Pa = 1N/m^2 = 1kg/m{\cdot}s^2$

대기 압력은 해수면에서 약 10^5 Pa이다. 이것은 1kg의 납덩어리를 1㎠의 표면에 올려놓았을 때 가해지는 압력과 비슷하다.

1.013×10^5 Pa = 1.013×10^2 ㎪ = 1bar로 정의된 단위도 있다. 따라서 대기압은 1bar에 가까운 값이다. SI 단위에 속하지 않으나 널리 쓰이는 단위가 있으며 이들 사이의 관계는 다음과 같다.

1 atm = 101.325 ㎪

1 atm = 760 mmHg = 760 Torr

또한 압력에 대한 계산은 다음과 같다.

절대압력 = 게이지 압력 + 대기압력

= 대기압력 - 진공압력

일반적으로 압력변화 시험기간이 10분에서 몇시간 정도라면 대기압의 영향을 무시 할 수 있으므로 절대압력은 게이지 압력과 동일하게 생각하면 된다.

압력시험등에서 절대압력은 중요하게 적용된다.

1) 게이지압력

압력계에 지시되는 압력 또는 계기압력이며, 표준대기압을 0으로 하고 그 이상의 압력을 나타낸다.

단위 : kgf/㎠, Ib/in^2

2) 절대압력

가스의 실제압력이며, 완전 진공인 때를 0으로, 표준대기압을 1.033으로 한다.

단위 kgf/㎠, Ib/in^2

3) 진공압력

대기압보다 낮은 압력으로 수은주로 표시한다. 그 크기는 진공도로 나타낸다.

단위 : ㎜Hg, inHg

4) 표준대기압

대기권에서부터 지구의 평균표면까지 공기가 누르는 힘을 말한다.

760 ㎜Hg(=1 atm)와 같으며 압력의 단위로 환산하면 1.033 kg/㎠a가 된다. 또한 760 ㎜Hg = 30 inHg가 된다.

나. 온도

온도 T는 우리 일상 생활에서 어떤 물체가 얼마나 뜨거운가 또는 차가운가 하는 척도로서 익숙한 개념이지만 정확한 정의를 내리기는 쉽지 않다.

열 에너지는 높은 온도의 물체로부터 낮은 온도의 물체로 흘러간다. 두 물체의 온도가 같으면 그들 사이에 열 에너지의 흐름이 없다. 이 때 두 물체는 열적 평형을 이루고 있다고 한다. 이 열적 평형을 이용하여 온도를 측정한다.

온도는 섭씨 또는 켈빈 척도로 측정한다. 섭씨 척도에서는 물의 어는점을 0℃로 정하고 끓는점을 100℃로 정하고 있다. 여기서는 섭씨로 나타내는 온도를 θ로 표시한다. 누설검사에서는 켈빈 척도를 사용하는 것이 편리하며, 이 척도에서는 온도를 켈빈 K단위로 나타낸다. 이 척도에서 온도는 T로 표시한다. T와 θ사이는 다음과 같은 관계식으로 나타낼 수 있다.

$$T(K) = \theta(℃) + 273.15$$

2. 기체의 상태 방정식

누설검사에서 실제로 가장 많이 사용되는, 추적가스는 공기이다. 물론 공기가 이상기체는 아니지만 누설검사에서 기체의 기본원리를 알아보는 것은 중요한 부분이다. 특히 압력변화 시험에서 중요하게 적용된다.

가. 이상기체의 상태 방정식

1) 보일(Boyle)의 법칙 : 압력에 따른 부피변화

온도를 일정하게 유지하면서 압력을 변화시켰을 때 기체의 부피 V는 가해진 압력 P에 반비례한다.

$$V \propto \frac{1}{P} \quad \text{(일정한 n, T에서) 또는}$$

$$VP = \text{상수} \quad \text{(일정한 n, T에서) 여기서 n은 몰수이다.}$$

2) 샤를(charles)의 법칙 : 온도에 따른 부피변화

압력을 일정하게 유지하면서 온도를 변화시켰을 때, 기체의 부피 V는 온도 T에 비례한다.

$$V \propto T \quad \text{(일정한 n, P에서)} \qquad T : \text{절대온도(℃+273)K}$$

3) 보일-샤를의 법칙

온도와 압력이 동시에 변하는 조건으로 하면 "일정량의 기체의 체적은 절대 압력에 반비례하고 절대온도에 비례한다" 는 것이다.

$$\frac{P_1 V_1}{T_1} = \frac{P_2 V_2}{T_2}, \left(\frac{PV}{T} = \text{일정}\right)$$

4) 아보가드로(Avogadro)의 원리 : 물질의 양에 따른 부피의 변화

온도와 압력이 정해져 있을 때 같은 부피의 기체는 같은 수의 분자를 포함한다.

$$V \propto n \quad \text{(일정한 P, T에서)}$$

1mol의 분자가 차지하는 부피를 몰 부피 Vm라 한다. Avogadro의 원리는 같은 온도와 압력하에서 모든 기체의 몰 부피는 같다는 것을 의미한다.

$$Vm \propto \frac{V}{n}$$

나. 혼합기스에 관한 법칙

1) 돌턴(Dalton)의 분압법칙

이상기체 혼합물이 나타내는 압력은 각 성분의 기체가 혼자서 같은 부피를 차지하고 있을 때 나타내는 압력의 합과 같다. 이 때 한 성분의 기체가 전체 압력, p에 기여하는 압력을 그 기체의 부분 압력이라고 하며, A기체에 대한 것을 P_A로 표기한다. A, B 두 기체 혼합물의 전체 압력은 두 기체의 부분 압력의 합이며, 다음식과 같다.

$$P = P_A + P_B$$

2) 몰 분율

물질 A의 몰분율, X_A는 시료 안에 들어 있는 분자의 전체 양에 대하여 분율로 표시된 A의 양이다. 즉, n_A 몰의 A, n_B 몰의 B, …등으로 구성된 혼합물에서 A의 몰분율은

$$X_A = \frac{n_A}{n_A + n_B + \cdots}$$ 이다.

다. 실제 기체 상태 방정식

1) 반델바스(van der Waals) 상태 방정식

실제 기체는 이상 기체와 달리 분자 사이에 상호 작용으로 인력이나 반발력이 발생하여 주어진 온도와 압력하에서 실제 기체의 몰 부피가 이상 기체의 그것과 달라진다. 즉, 이 관계를 나타내는 식을 실제 기체의 상태 방정식이라 말하며, 이 방정식은 실제 기체를 언제 이상 기체와 같이 취급할 수 있는지에 대한 척도를 제공하고 있다.
여기서 a,b,는 반델 바스 상수이다.

$$P = \frac{nRT}{V - nb} - a\left(\frac{n}{V}\right)^2$$

3. 누설물의 측정방법

가. 누설물 측정

1) 누설물 측정

(가) 총 누설율 측정

누설의 위치를 찾지 않고 단위 시간당 압력의 변화와 체적으로 시험체의 총 누설율을 결정한다.

(나) 누설위치 측정

누설의 지시를 만드는 추적가스 또는 액체를 사용하여 전체 표면을 주사하여 누설의 위치를 찾아낸다.

나. 누설율 측정 방법

누설 위치 측정 방법을 사용하기 전에 먼저 누설이 있는지 없는지, 또 누설의 크기가 어느 정도인지 알기 위하여 누설율 측정을 한다. 추적 가스를 이용한 누설율의 측정 방법에는 정적 검사와 동적 검사가 있다.

1) 정적 검사 방법

누설물 측정의 정적 검사 방법은 검사할 시험체에 압력을 유지시키면서 누설이 없는 검사 상자 속에 집어 넣는다. 또는 시험체를 진공으로 유지하면서 추적가스가 들어있는 기체로 압력을 유지하는 검사 상자 속에 넣는다. 압력 경계를 지나나오거나 들어간 추적 가스의 누설물을 검출하여 누설율을 결정한다.

누설율은 다음식으로 계산한다.

$$Q = V\frac{dp}{dt}$$

여기서 Q : 누설율 [Pa·m³/s]

V : 기체혼합물을 모으는 검사 상자의 부피 [m³]

P : 기체혼합물의 압력 [Pa]

t : 기체혼합물을 모으는 시간 [s]

$\frac{dp}{dt}$: 압력변화율 [Pa/s]

단위 시간당 압력 경계를 지나 진공상자 속에 모인 기체 때문에 진공상자의 압력이 증가한다.

2) 동적 검사 방법

이 검사 방법에서 시스템에 들어있는 기체는 추적가스의 흐름속도를 측정하기 위하여 누설 검출기를 통해 뽑아낸다. 누설물의 흐름 특성은 누설 전도성(leak conductance)이라는 말로 설명한다. 이 전도성은 식은 다음과 같이 구한다.

$$C = Q(P_1 - P_2)$$

여기서 C : 기체전도성 [m³s - 1]

$P_{1,} P_2$: 높은 쪽과 낮은 쪽의 압력 [Pa]

전도성은 높은 압력 쪽에서 초당 누설을 지나 나오거나 들어간 기체의 부피이다.

4. 기체분자의 평균자유행로(mean free path)

분자간 충돌시 충돌과 충돌사이에 분자가 움직이는 평균거리를 평균자유행로라 한다. 평균자유행로는 추적가스나 가압기체에 의해 누설 또는 누설경로를 통해서 발생되는 기체흐름의 형태를 결정하는데 중요하다.

평균자유행로는 압력, 온도, 기체분자의 성분에 의해서 계산할 수 있다.

기체분자의 평균자유행로(λ_{mfp})는

$$\lambda_{mfp} = 116.4(\frac{n}{p})(\frac{T}{M})^{1/2}$$

단, λ_{mfp} : 정압하에서의 평균자유행로(m)

n : 기체의 점도

p : 절대압력(Pa)

T : 절대온도(K)

M : 분자량(g/mol)

일반적인 기체, 즉 공기, 산소, 질소, 아르곤 등에 대해서는 다음과 같이 평균자유행로를 간략하게 표현할 수 있다.

$$\lambda_{mfp} = \frac{5}{P} = \frac{5}{\mu m Hg}$$

표 1-5 20℃의 대기압 및 진공압에서의 기체의 평균자유행로

가스압력(SI 단위)	10^{-6} Pa (1μPa)	10^{-3} Pa (1 mPa)	10^{0} Pa (1 Pa)	10^{3} Pa (1 kPa)	10^{6} Pa (1 MPa)
평균자유행로(길이)	km	m	mm	μm	nm
공기	6.8	6.8	6.8	6.8	68
아르곤(Ar)	7.2	7.2	7.2	7.2	72
이산화탄소(CO_2)	4.5	4.5	4.5	4.5	45
수소(H_2)	12.5	12.5	12.5	12.5	125
물(H_2O)	4.2	4.2	4.2	4.2	42
헬륨(He)	19.6	19.6	19.6	19.6	196
질소(N_2)	6.7	6.7	6.7	6.7	67
네온(Ne)	14.0	14.0	14.0	14.0	140
산소(O_2)	7.2	7.2	7.2	7.2	72
대략적인 mmHg 또는 torr 값	10^{-8}	10^{-5}	10^{-2}	10	760

5. 기체 흐름의 형태

누설을 통한 기체의 흐름은 크게 점성 흐름(viscous flow), 전이 흐름(transitional flow), 분자 흐름(molecular flow), 음향 흐름(sonic flow) 등으로 분류 할 수 있으며, 점성 흐름은 다시 층상 흐름(laminar flow)과 교란 흐름(turbulent flow)으로 나눌 수 있다.

기체의 흐름에 영향을 미치는 인자는 다음과 같다.

① 기체의 분자량
② 기체의 점도
③ 압력의 차이
④ 시스템의 절대압력
⑤ 누설의 경로(직경, 길이)

기체는 압력이 높은 쪽에서 압력이 낮은 쪽으로 흐른다. 기체 흐름의 기본 모드인 층상 흐름, 교란 흐름, 분자 흐름, 전이 흐름, 음향흐름에 대해 구체적으로 설명하면 다음과 같다.

가. 층상(laminar) 흐름

튜브에 있어서 유체의 층상 흐름은 튜브의 전단방향에서 유속의 불규칙적인 분포가 발생하는 조건으로 규정한다.

기체가 평온하게 흐르는 것을 말하며 특성으로 첫째, 흐름은 누설에 걸리는 압력차의 제곱에 비례하는 것이고, 둘째, 누설량은 누설하는 기체 점성에 반비례한다.

층상 흐름 누설을 측정할 때 시험 감도는 누설에 걸리는 압력을 올리면 좋아진다. 층상 흐름은 누설율이 $10^{-2} \sim 10^{-7}$ Pa·m³/s 인 범위에서 발생한다.

나. 교란(turbulent) 흐름

누설하는 가스의 속도가 증가하면 흐름은 크게 교란이 일어난다. 이러한 기체의 흐름은 매우 높은 흐름 속도에서만 발생하며, 이런 종류의 흐름 발생은 레이놀드(Reynolds)수 값에 좌우된다. 레이놀드 수는 기체에 작용하는 관성과 점성력에 관계되는 상수이다. 이 흐름은 누설율이 10^{-3} Pa·m³/s 이상 일 때 발생한다.

다. 분자(molecular) 흐름

기체의 평균 자유 행로가 누설의 직경보다 아주 클 때 발생한다. 분자흐름에서 누설율은 압력 차이의 비율이고 진공시험에서 자주 발생한다. 누설의 벽이 상대적으로 거칠고

표면이 균일하지 않으므로 기체 분자가 누설 벽에 충돌하면서 일어나는 흐름이다. 분자 흐름에서는 누설의 지름만으로 흐름에 대한 저항을 결정한다. 분자 흐름에서 분자는 각기 독립적으로 이동하는데 그것은 임의의 분자가 시스템의 낮은 압력부위에서 시스템의 높은 압력부위로의 이동을 가능하게 한다.

보통 누설율이 10^{-6} Pa·m³/s 미만에서 발생한다.

라. 전이(transitional) 흐름

기체의 평균 자유 행로가 누설의 단면 치수와 거의 같을 때 발생한다. 이와 같은 조건은 분자 흐름과 층상 흐름의 중간 조건이다. 다시 말해서 전이 흐름은 층상 흐름에서 분자 흐름으로 점진적인 이동에 의해서 일어난다. 이 부분에 대한 수치적인 계산은 매우 어렵지만 층상으로부터 분자 흐름으로의 전이를 필연적으로 수반하는 진공시스템의 밀봉된 체적으로부터의 누설 때문에 필요하다.(Knudsen 방정식)

전이흐름은 층상흐름에서 분자흐름으로 점진적인 이동에 의해 발생한다.

마. 음향(sonic) 흐름

음향 흐름은 누설의 기하학적인 형상과 압력 하에서 발생한다. 높은 쪽 압력이 일정하게 유지되고, 낮은 쪽 압력이 조금씩 낮아지면, 누설을 통과하는 유체의 속도는 소리의 속도에 이를 때까지 증가한다. 이 때 흐름의 속도가 음속과 같아지면 누설은 발생하지 않는데 이것을 음향 흐름이라고 한다. 이 흐름은 유속이 공기 중 음속과 같아질 때 발생한다는 것이다.

그림 1-9는 기체의 흐름 형태를 그림으로 보여준 것이다.

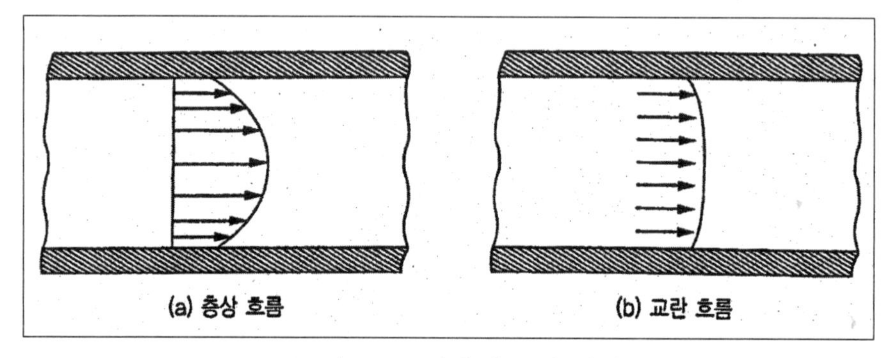

〔그림 1-9〕 기체 흐름의 형태

【익 힘 문 제】

1. 누설과 누설율에 대해 설명하시오.

2. 누설검사의 기본방법 2가지는 무엇인가?

3. 게이지압력이란 무엇인가?

4. 절대압력이란 무엇인가?

5. 기체 흐름의 기본형태 세가지를 설명하시오.

6. 기체 흐름에 영향을 미치는 인자는 무엇인가?

7. 이상기체의 상태 방정식 중 두가지 이상을 설명하시오

8. 누설검사에 사용되는 계측기의 사용목적은 무엇인가?

9. 누설검사에 사용되는 압력계에 대해 약술하시오

10. 누설율 측정방법 두가지를 설명하시오

제 2 장　누설검사의 방법

제 1 절　기포누설시험

1. 기포누설시험의 원리

기포누설시험(bubble test)은 시험체에 가압 또는 감압을 유지한 후 발포용액에 의해 기포를 형성시켜 검사하는 방법이다.

압력용기나 석유탱크 용접부의 누설을 검사하는데 주로 이용된다. 이 방법은 탐상면을 사이에 두고 한 쪽의 공간을 가압하거나 진공이 되게 해서 양쪽 공간을 압력차를 만든다. 탐상면에 규격에 정해진 발포액을 도포하고, 압력 차이로 인해 생긴 기포의 존재를 관찰함으로써 누설을 검지한다. 이 검사방법은 간단하고 검출감도가 비교적 양호하지만, 발포에 영향을 주는 표면의 유분이나 오염의 제거 등 전처리가 중요하다.

이 방법은 큰 누설의 존재나 위치를 직접 알 수 있고 감도는 일반적으로 $10^{-3} \sim 10^{-5}$ Pa·m³/s 이다. 때때로 시험기간이 보다 길게 주어진다면 기포의 형성이 느린 $10^{-5} \sim 10^{-6}$ Pa·m³/s의 감도가 필요한 미소누설도 검출할 수 있다.

누설지시는 누설존재부위에서 검사용역이 가시성의 기포를 형성함으로서 확인된다.

2. 기포누설시험의 특성

가. 기포누설시험의 적용

누설위치를 찾는데 적합한 기포누설시험은 시험용액을 사용하는 방법에 따라 크게 세가지로 분류된다.

1) 가압(발포액)법(liquid-film method)

가압된 시험품의 외부표면에 얇은 막의 발포액을 적용하여 누설위치를 검사하는 방법이다. 발포액법은 배관공들이 가스누설을 검출하기 위하여 사용하는 비누거품법이라고 잘 알려져 있다. 발포액법은 많은 제품에 적용할 수 있는데 특히 검사용액에 쉽게 침적할 수 없는 대형부품, 구조물 등에 쉽게 적용할 수 있어야 하고, 또 미소누설을 검출하기 위해서 발포액을 보다 얇고 연속적으로 적용하고, 시험되는 모든 부위를 피막시켜야 한다.

2) 진공상자법(vaccum box technique)

압력용기의 밑판 등 시험품을 가압할 수 없을 때, 대형부품의 국부적인 용접부위 검사를 위해 사용하며 제품 특성에 맞는 진공상자를 설계하여 검사할 수 있다.
진공상자 내부를 감압시켜 진공상자 쪽으로 누설되는 기포를 관찰함으로서 누설의 위치를 파악할 수 있다.

3) 침지법(liquid immersion)

액상의 용액에 침적해서 검사하는 방법으로 가압된 시험품이나 시스템은 시험용액내부에 놓여진다. 기체의 누설이 존재한다면 기포가 형성되어 수침조의 표면쪽으로 발생하게 될 것이다.

나. 기포누설시험의 장·단점

기포누설시험을 이용하는 주된 이유는 지시의 관찰이 쉽고, 빠르며, 경제적인 면에서 우수하기 때문이다. 검사기술의 향상과 숙련된 기술자가 실시한다면 매우 정확하게 누설위치를 찾을 수 있다. 기포누설시험의 가장 중요한 장점은 큰 누설을 쉽게 검출할 수 있다는 것이다. 또한 미세한 누설에서도 매우 빠른 응답을 나타내는 것이다.
기포누설시험에서는 누설위치를 찾기 위해 프로브나 스니퍼(sniffer)를 움직일 필요가 없고 육안으로 관찰하기 때문에 판독이나 허위지시에 대한 오류가 적다.
침지법에서 가압된 시험품은 표면쪽에 누설된 누설만을 관찰자가 볼수 있는데 이럴 경우는 시험품의 아래 쪽 면을 관찰 할수 있도록 시험품의 위치를 바꾸어 주어야 한다.
침지법에서 모든 누설은 독립적으로 나타난다. 예컨대, 큰 누설은 기포누설시험에서 초기에 검출 될수 있는데 이러한 누설들은 보다 작은 누설들을 검출하기 위해서 시험전에 밀봉되는 것이 좋다.
기포누설시험에서는 유사지시와 실제지시를 관찰자가 구별하기 쉽다는 것이다. 게다가 누설시험을 하는 동안 연결파이프나 밸브 등이 필요 없다. 그런데 매우 미세한 누설을 검출하기 위해서는 작업자의 인내심이 요구되며, 기포누설지시의 형성을 위한 시험시간이 길어 질수 있다.
기포누설시험은 거친 누설을 검출하는데 있어서 만족스러운 결과를 나타낸다. 가압시험품이나 시험용액을 사용하는 기포누설시험은 가연성 대기로부터 안전하며 다른 복합된 누설 검사와 비교할 때 경험이나 숙련이 크게 요구되지 않는 특징이 있다.

기포누설시험의 장·단점은 다음과 같다.

1) 장점

① 지시의 관찰이 용이하고, 누설위치의 판별이 빠르다.
② 가격이 저렴하고, 안전하다.
③ 기술의 숙련이나 경험이 크게 필요하지 않다.
④ 실제지시의 구별이 쉽다.
⑤ 장비가 충분히 갖추어지거나 기술이 숙련된다면 누설감도를 증가시킬수 있다.
⑥ 큰 누설을 쉽게 찾을 수 있다.
⑦ 프로브(탐촉자)나 스니퍼(탐지기)가 필요 없다.
⑧ 한번에 전면을 검사 할 수 있다.

2) 단점

① 감도가 높지 않다.
② 정확한 교정수단이 없다.
③ 매우 크거나 작은 누설의 검사가 곤란하다.
④ 주변환경(온도, 습도, 바람)에 민감하다.
⑤ 발포액의 특성에 좌우된다.

다. 기포누설시험 감도 저해요인

기포누설시험에서 감도를 떨어뜨리고 저해하는 요인들은 다음과 같으며, 누설검사 전에 누설을 방해하고 감도를 저해하는 요소들은 반드시 조정되고 제거한 후에 검사를 수행해야 한다.

1) 표면오염물 및 시험체 온도

표면오염물은 작은 시험체의 스케일 또는 큰 용기나 제품에 잔류하는 유지(grease) 등을 말한다. 그리스(grease), 녹(rust), 용접슬래그, 산화피막 등은 표면에서의 누설기공과 혼돈할 수 있는 허위 누설지시의 원인이 된다. 제조과정에서 발생하는 스미어링 피이닝(smearing peening)등의 원인으로 인해 금속표면의 개구부가 폐쇄되어 일시적인 누설중단이 발생할 수 있다.
누설검사는 도장, 도금, 피복(plating) 전에 실시해야 하며, 사용 중에 검사할 때에는 도금, 도막류 등은 제거한 후 누설검사가 진행되어야 한다.
시험체의 표면온도가 너무 높거나 낮으면 검사를 수행하기 어려운데, 그것은 발포액의 물리액 성질에 영향을 주기 때문이다.

2) 시험용액의 오염 및 부적절한 점도

시험용액이 오염되면 실제지시(real indication)가 아닌 허위누설지시(virtual leak indication)를 시험표면에 존재시키는 원인이 된다. 또한 시험용액의 부적절한 점도는 누설지시, 즉 기포의 형성에 영향을 준다. 점도가 너무 높으면 발포성이 저하되고, 너무 낮으면 소포성(기포가 소멸되는 성질)이 증가하여 기포성장을 관찰하기 어렵게 된다. 물이나 기타 침전용액에 포함된 공기 등에 의한 기포 등은 실제지시로부터 발생된 기포와 혼돈을 일으키는 허위누설을 유발시킨다.

3) 과도한 진공(over sealing)

과도한 진공은 기포누설시험 진공법에서 시험체 압력경계의 낮은 압력 쪽, 즉 진공으로 유지되는 부분에서 자주 발생될 수 있다. 과도한 진공은 시험체이나 진공펌프, 진공상자 등에 영향을 미칠 수 있는데, 특히 과도한 진공(발포액쪽의 절대압력이 너무 낮은 상태)은 검사용액을 끓게 할 수도 있다.
시험용액이 끓는다면 용액자체에 증기상의 기포가 형성되어 표면으로 떠오르게 된다. 이것은 누설에 의한 기포의 관찰과 검사를 어렵게 할 수 있다. 침지법(담금법)에서 진공의 정도는 침지용액의 특성에 따라 다르게 나타나는데, 시험용액이 끓지 않는다면 최대진공을 유지할 수 있다.

4) 표면장력

표면장력은 기포누설검사에서 시험용액 선정에 가장 큰 영향을 미친다. 침지법이나 발포액법에서 시험용액을 너무 빨리 적용하면, 10^{-5}Pa·m³/s(10^{-4}std·m³/s)보다 적은 누설을 갖는 미소누설을 검출하는데 저해요인이 된다. 대부분의 기포누설시험 용액은 낮은 표면장력을 갖는다. 낮은 표면장력을 갖는 용액은 표면의 적심성을 증가시킨다. 또한 낮은 표면장력은 매우 미세한 누설을 검출하는데 도움이 된다. 또 다른 누설검출 요인은 진공을 배기한 후 시험용액이 누설부위로 류하면서 발생할 수 있다.

5) 기공, 단속누설

누설의 특별한 성질 때문에 기포누설시험에서 모든 누설을 항상 확실하게 검출 할 수가 없다. 예를 들어 기공류의 누설에서 기공이 매우 작다면 기포누설시험으로는 검출할 수가 없다. 어떤 누설의 형태는 기체의 흐름이 오직 한방향으로만 나타날 수 있다. 만일 방향이 내부 쪽이라면 외부 표면에서의 기포누설시험으로는 이러한 누설지시를 검출 할 수 없다.

6) 표면처리(세척)

같은 시험체를 추적가스(할로겐 또는 헬륨)를 이용하여 시험하기 위해서는 시험 전에 기포누설시험 용액을 표면에서 제거하기 위해 세척하고 건조시켜야 한다.

7) 기타

유사누설지시의 원인이 되는 시험체의 부식, 매우느린 누설, 발포액 자체에 포한된 기포 등도 누설을 방해하거나 감도를 저해시키는 요인이 된다.

라. 감도에 영향을 주는 인자

기포누설시험의 기본적인 원리는 누설 또는 압력경계(pressure boundary)에서 낮은 압력 쪽에 형성되는 기포를 관찰하는 것으로 압력차이를 이용한다는 것이다.

기포누설시험에서 감도에 영향을 주는 인자는 다음과 같다.

1) 누설경계에서의 압력차이
2) 누설을 통과하는 추적가스의 종류
3) 기포를 형성하는 시험용액의 특성
4) 표면조건(불순물의 존재) : 시험품 내외부에 존재하는 페인트, 그리스, 녹, 스케일 등
5) 주위환경(대기조건) : 비, 온도, 습도, 바람

마. 감도를 증가시키는 방법

기포누설시험에서 감도를 증가시키려면 가능한 한 압력차이를 크게 하는 방법을 고려해야 한다. 누설시험에서의 감도는 모든 누설의 확실한 크기를 검출하고 검출된 모든 누설을 수정하기 위해서 적절해야 하는데, 물리적인 홀(hole) 또는 균열 등은 누설량으로 표현되는 관통부위를 통과하는 기체의 양에 의해 대략적인 누설크기를 추정할 수 있다.

기포누설시험에서 감도를 증가시키면 다음과 같은 효과가 있다.

1) 기포형성시간, 관찰시간을 증진시킨다.

2) 기포방출을 관찰하기 위한 조건을 개선한다.

3) 누설을 통과하는 기체의 양을 증가시킨다.

1) 관찰능력에 의한 감도증진

특별한 누설검사를 행하는데 있어서 실질적인 감도는 관찰능력을 증진시키는 것이다.

① 가시검사를 위한 시험표면으로부터 최적의 위치

② 청결하고, 반투명한 액체를 사용하고 빛의 조도를 증가시킨다.

③ 기포의 형성을 위해 시간을 증가시키고 작업자의 관찰시간을 증가시킨다.

④ 비등, 공기유입, 시험용액의 오염에 기인한 허위지시를 제거한다.

⑤ 미세 누설을 검출하기 위해 시험용액의 표면장력을 감소시킨다.

⑥ 기포를 보다 크게 형성하기 위해 검사용액의 압력을 감소시킨다.

⑦ 최적의 주변환경(온도, 풍향, 조도 등)을 만든다.

이러한 조건들이 만족된다면, 미소누설의 검출이 용이해지고 보다 빠르고 정밀한 검사가 될 수 있다.

2) 추적가스의 양에 의한 감도증가

누설검사 방법에서 감도를 증진시키기 위한 전형적인 방법은 누설부위를 통과하는 추적가스의 유동률(flow rate)을 높이는 것이다. 가스의 성분을 변화시키면 누설경로를 통과한 가스흐름의 양을 증가시킬 수 있다(낮은 점도를 갖는가스, 낮은 분자량).

또 다른 방법으로는 압력을 높게 하여 가스의 유동량을 높게 하는 것이다. 이것은 시험하의 용기나 시험품 내부의 보다 높은 가스압력에 의해서 큰 압력차가 발생되어 가능해진다. 밀봉된 재료에 있어서 압력을 증가시키는 방법은 가스를 가열하는 방법, 가압하는 반대쪽의 시험면을 감압하는 방법 등을 고려해볼 수 있다. 이러한 기술들은 감도를 증가시킬 수 있으며, 기포누설시험에서 누설지시를 보다 빠르고 정확하게 관찰할 수 있다.

3. 발포액

기포누설시험에서 발포액의 성능은 감도에 큰 영향을 미친다. 또한 발포액의 성분에 의해서 금속 등의 부식을 유발할 수 있는데, 대부분의 발포액은 알카리성으로서 A1을 부식시킬 우려가 있다. 니켈, 오스테나이트계 스테인레스강, 티타늄 합금 등의 경우에는 저유황, 저할로겐계 발포액을 사용한다.

가. 발포액의 구비조건

① 표면장력이 작고, 점도가 낮을 것
② 젖음성이 좋을 것
③ 진공 하에서 증발하기 어려울 것
④ 발포액 자체에 거품이 없을 것
⑤ 시험체에 영향이 없을 것
⑥ 온도에 의한 열화가 없을 것
⑦ 인체에 무해할 것
⑧ 할로겐 족이나 유황성분이 적어야 한다.
⑨ 저온에서 쉽게 얼지 않아야 한다.
⑩ 누설부위에서 발포성이 좋고 안정된 기포를 형성해야한다.

나. 발포액의 구성

기포를 형성시키는 용액으로 일반적으로 기포누설시험에서의 발포액은 액상세제와 글리세린, 그리고 물과의 혼합물로서 제조되어질 수 있다.

일반적으로 발포액의 혼합비율은 다음과 같다.

액상세제 : 글리세린 : 물 = 1[l] : 1[l] : 4.5[l]

발포용액은 적용 전에 기포를 형성하지 않아야 한다. 온도가 빙점 이하일 때와 같은 차가운 날씨에서 적용하면 발포액이 결빙할 수 있는데, 이런 경우에는 알코올이나 에틸렌글리콜(부동액) 등을 첨가해서 사용한다. 예를 들어 발포액 10[l]당 부동액 1[l]를 첨가한다.

가압법이나 진공법에서 큰 누설을 검사할 때에는 발포액의 비율을 다르게 해야 하는데, 액상세제 1[l] 그리고 물 1~2[l]의 비율로 혼합한다. 적용하기 전에 큰 기포나 거품이 형성될 때까지 교반해 주어야 하며, 이 거품 용액은 큰 누설을 검출하기 위해 사용된다.

다. 발포액의 특성

1) 일반 발포액의 특성

일반 발포액(액상세제+글리세린+물)의 최대장점은 가격이 저렴하다는 것이다. 그러나 일반 발포액은 다음과 같은 단점을 가지고 있다.

① 세제(saop)는 통산적으로 센물에서 미네랄과 합성하여 끈적거리는 점착성의 수지를 형성한다. 이것은 미세누설을 막을 염려가 있어 중화방지액과 혼합하여 사용해야 한다.

② 대부분의 비누용액은 pH 10.5 - pH 11.5 정도의 알칼리성으로서 비결정질의 철 또는 저탄소강에 사용되어 지는데 알칼리성 용액은 특히 알루미늄 합금 등에 잔류될 때 부식을 유발한다. 중성세제는 기포의 형성이 어렵고 안정성을 저해한다.

③ 비누용액은 염소나 불소와 같은 불순물을 포함할 수 있다. 염소나 불소는 스테인레스 강이나 티타늄 합금에서 부식을 유발하므로 적절하지 못하다.

④ 대부분의 비누용액은 산소와 접촉할 때 불안정한 조성을 갖는다. 산소와 함께 접촉되어 진다면 파이프 연결 부위가 팽팽해지거나 느슨해짐으로써 폭팔을 일으킬 수 있다. 화학적으로 시험되어지지 않았다면 산소시스템의 누설검사에는 사용하지 않는 것이 좋다.

2) 상업용 발포액의 특성

공업분야에서는 상업용 발포액을 사용하는데 일반 발포액은 안정된 누설검사를 수행할 수 없다. 시험.용액이 누설부위에서만 기포를 형성하기 위해서는 자체적으로 기포로부터 자유로워야 한다. 이 말은 누설응답을 제외한 기포는 용액내에 없어야 한다는 것이다. 상업용 발포액의 특성은 다음과 같다

① 적당한 시험용액은 pH 6 - 8 정도의 중성범위를 가지고 있어야 한다.

② 시험용액은 센물(hard water) 과 혼합될 때 침전물의 발생이 없어야 한다.

③ 시험용액은 표면에 뿌릴수 있을 정도의 점도를 갖고 시험기간 동안 표면에서 정체되어야 한다.

④ 시험용액은 오랜 기간 동안 저장하거나 반복 사용할 때도 안정해야 한다.

⑤ 시험용액은 시험표면에서 세척작용과 건조가 이루어지도록 만들어져야 한다. 따라서 시험후 후처리가 필요 없어야 한다. 덧붙여서 상업용 발포액은 고온, 저온활성 금속 플라스틱, 액상, 기체상 산소시스템, 전자제품 같은 특별한 조건에서 사용될 수 있도록 제조되어야 한다

4. 기포누설시험의 종류

가. 가압법(Pressure method)

직접 가압법에 의한 기포누설시험의 목적은 누설가스가 기기 및 용기 등을 관통할 때

거품을 형성하도록 액체를 적용하는 방법이다.

가압법의 기본적인 방법은 시험체 외부의 대기압과 가압된 내부의 압력차이에 의해서 시험되는 누설이 존재한다면, 압력은 높은 곳에서 낮은 곳으로 흐르게 된다. 기체 누설이 증가하기 위해서는 압력의 차이가 더 커야 한다는 것이다.

1) 가압법의 시험순서

발포액의 피막을 시험품에 적용하여 검사하는 방법에서는 발포액이 적용되는 동안에 기포가 형성되지 않도록 하고 검사용액은 흘림이나 미세 구멍이 있는 분무기로 적용하며, 붓칠은 가급적 피한다.

가압법으로 누설시험을 하는 순서를 정리하면 다음과 같다.

① 시험체에 전처리를 한다. 기름, 그리스(grease), 도료, 녹(rust), 용접슬래그, 산화피막 또는 기타의 오염물질은 누설기공과 혼동을 야기 할 수 있는 허위 누설지시를 나타내므로 제거하여야 한다.

② 발포액은 액상세제 : 글리세린 : 물 = 1 : 1 : 4.5의 비율로 혼합한 후 액의 온도가 4 ~ 50℃의 범위에 있는지 표면온도계를 이용하여 확인하며 범위밖에 있을 경우 적절한 조치를 취한다. 이 용액은 시험 시점으로부터 24시간 이내에 제조된 것이어야 하며, 시험기간 동안 정기적으로 점검해야 한다. 또한 발포액은 나중에 사용될 때까지 밀봉된 용기나 가압분무용기 등에 저장되어야 한다.

③ 조도 측정은 30초 이상 측정하며, 일반적인 시험의 조도는 150 lx 이상, 작은 불연속을 검출하기 위한 정밀 시험은 500 lx 이상으로 시험한다.

④ 가압 시험체와 가압펌프 및 탱크를 가압 호스로 연결한다.

⑤ 시험압력은 시험체 설계압력의 25%를 초과하지 않도록 하며 압력을 유지하면서 시험체 내의 압력 변화를 확인하여 압력이 낮아지게 되는 경우 누설이 있음을 확인할 수 있다.

가압기체는 특별한 규정이 없는 경우 공기를 이용한다. 불활성가스도 사용이 가능하며 산소 결핍환경의 안전측면을 고려하여야 한다.

⑥ 가압한 상태에서 발포액을 시험면에 흘리거나 분무 또는 붓칠 등으로 도포한다. 적용 시 생성되는 거품수는 가능한 적게 하여 누설에 의한 기포의 혼돈을 방지하여야 한다. 압력 유지시간은 최소한 15분간 유지한다.

* 도포시 가능한 기포가 발생하지 않도록 해야 하며, 너무 과도한 도포는 오히려 누설 지시를 혼돈할 수 있다.

⑦ 관찰방법은 눈과 시험체 표면과의 거리는 600㎜이내가 되어야 한다. 관찰 각도는

제품 평면의 수직한 상태에서 30° 이내를 유지하여 관찰하는데, 관찰 각도가 부적절한 시험체일 경우 거울이나 렌즈를 사용할 수 있다. 관찰 속도는 75㎝/min을 초과하지 않는다.

간접육안검사일 경우 시각보조 기자재인 거울이나 망원경, 내시경, 카메라 등과 같은 장치를 사용하며 직접 육안관찰시 얻을 수 있는 해상력과 동등 이상의 해상력을 가져야 한다.

⑧ 시험한 표면 위에 연속적인 거품이 발생하면 이 부분이 누설이 있는 위치로, 누설 위치를 마킹한다.

⑨ 기준 점에서부터 누설 부위까지의 거리를 스케치한다.

⑩ 시험체의 부식을 방지하기 위해 발포액을 완전히 제거하며 압력을 제거한다.

2) 가압법의 적용

이 방법은 시험되어지는 부위에서 경계를 사이에 두고 압력차를 발생시켜 시험 하는 방법이다. 예를 들어, 가압된 배관(pipe line)에 시험용액을 적용시켜서 검사하는데, 파이프 시스템, 압력용기, 탱크, 압축기, 펌프와 같은 큰 용적의 제품에 대하여 침지법으로 적용할 수 없는 시험체를 검사하는데 적당하다. 발포액은 시험되어지는 부위에서 낮은 압력쪽에서 피막을 형성해야 하며, 특별한 규정이 없는 한 시험체는 최소 100 ㎪ (15 psi) 이상의 게이지 압력으로 가압한다.

시험압력은 시험체가 파괴되지 않도록, 규정된 최고 허용압력 이상으로 가압해서는 안된다. 시험부위는 가능한 검사용액을 적용하기 쉬운 위치에서 검사되어져야 하고, 한 개 또는 그 이상의 기포가 발생하고 성장하거나 또는 계속적으로 발생된다면 그 지시에 대한 누설지시 여부를 판독해야 한다.

일반적으로 기포의 성장이 존재하지 않는다면 합격으로 한다. 또한 누설이라고 판단되면 일반적으로 시험체는 불합격이 된다. 절차서에 따라 누설을 수정할 수 있다면 시험체는 수정되고 재시험되어야 하며, 시험 후 어떠한 가스나 시험용액도 표면으로부터 제거시키고 건조시켜야 한다.

나. 진공상자법(Vacuum box method)

진공상자법 누설시험의 목적은 직접 가압할 수 없는 내압부의 누설을 검출하는 방법으로써 내압부 표면 국부에 용액을 적용하고 압력차를 발생하도록 하여 누설된 가스가 용액 중을 통과할 때 기포가 형성하도록 하는 시험이다.

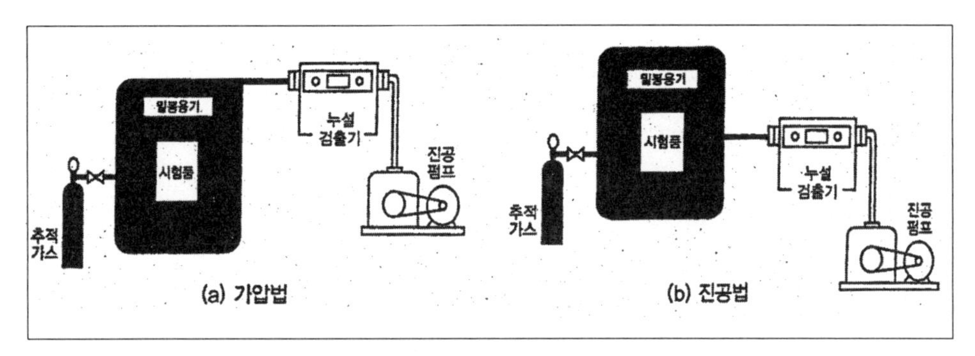

〔그림 2-1〕 기포누설검사 시스템

이는 기포누설시험에서 발포액을 적용하고 진공상자를 이용하여 검출 할수 있는 방법이다. 시험품외부의 대기압과 진공상자 쪽의 낮은 압력(진공 또는 감압)에 따른 압력차이로서 검출 할 수 있다.

이 방법에서는 진공상자(vacuum box)를 발포액이 적용된 탐상면에 위치시킨 후, 탐상면과 진공상자의 가장자리부분을 완전하게 밀봉하고, 밀폐된 진공상자 내부의 진공유지는 진공펌프나 공기 배기 장치를 이용한다.

저장용기의 바닥이나 지붕부위 같은 제품을 검사할 때, 진공상자는 용접선 부분에 위치시키고 100 ㎜Hg이하의 압력이나 절차서에 명시되어 있는 압력까지 감압 할 수 있다. 진공은 규정된 최소시간으로 유지해주어야 한다.

1) 진공상자법의 시험순서

진공상자법으로 누설시험을 하는 순서를 정리하면 다음과 같다.

① 시험체에 전처리를 한다. 기름, 그리스(grease), 도료, 녹(rust), 용접슬래그, 산화피막 또는 기타의 오염물질은 누설기공과 혼동을 야기 할 수 있는 허위 누설지시를 나타내므로 제거하여야 한다.

② 표면 온도계를 이용하여 4 ~ 50℃ 범위 내에 있는가를 확인하며 범위 밖에 있을 경우 적절한 조치를 취한다. 발포액은 액상세제 : 글리세린 : 물 = 1 : 1 : 4.5의 비율로 혼합한 후, 발포액의 온도가 4 ~ 50℃ 범위에 있는지 확인한다.

③ 조도 측정은 30초 이상 측정하며 일반적인 시험의 조도는 150 lx 이상, 작은 불연속을 검출하기 위한 정밀 시험은 500 lx 이상으로 시험한다.

④ 진공상자를 설치하기 전(前) 전체 시험부에 대해 발포액을 흘리거나 분무 또는 붓칠하여 시험할 표면을 도포한다. 적용 시 생성되는 거품수는 가능한 적게하여 누설

에 의한 기포의 혼돈을 방지하여야 한다.
탐상면이 너무 넓을 경우에는 시험 중 발포액이 마르지 않을 범위만큼만 부분도포하여 시험 할 수 있다.

⑤ 용액이 도포된 면에 가스켓 있는 면이 시험체 표면에 밀착 되도록 진공 상자를 설치하고 감압기에 연결한 후, 필요한 국부 진공도까지 감압시킨다. 탐상면에 확실히 밀착 할 수 있도록 진공 상자를 누른다.
* 시험면을 분할하여 진공 시험 할 경우 진공 상자는 최소 2inch 이상 중첩되록 시험한다.

⑥ 요구되는 국부진공도로 최소 10초 이상 유지한다.

⑦ 관찰방법은 눈과 시험체 표면과의 거리는 600 ㎜ 이내가 되어야 한다. 관찰각도는 제품 평면에 수직한 상태에서 30° 이내를 유지하여 관찰하며, 관찰 각도가 부적절한 시험체일 경우 거울이나 렌즈를 사용할 수 있다. 관찰 속도는 75 ㎝/min을 초과하지 않는다.

⑧ 감압 레버를 이용하여 진공상자 제거 후 누설 위치에 마킹한다.

⑨ 진공상자의 가스켓 및 관찰창의 발포액 등 이물질을 제거하고 시험체는 부식을 방지하기 위해 발포액등을 완전히 제거한다.

⑩ 기준 점에서부터 누설 부위까지의 거리를 스케치한다.

2) 진공상자(Vacuum box)

진공상자는 100 ㎪(1atm)의 외압에 견딜 수 있어야 하고 진공 상자와 제품 표면과의 접촉부분에는 유연성 가스켓(flexible gasket)이 부착되어 있어야 한다. 또한, 예로 35 ㎪의 압력 차가 요구 될 경우 최소 55 ㎪의 압력을 견딜 수 있어야 한다. 표준 크기는 15×75(㎝) 또는 6×30(inch)이나, 시험체의 형태 또는 종류에 따라 아래 그림과 같이 시험자(관찰자)가 알맞게 설계하여 사용할 수 있으며, 관찰 할 수 있도록 투명유리 또는 플라스틱류의 관찰 창이 있어야 한다. 또한, 진공을 유지하고 외부대기와의 흐름이 없도록 밀봉 되어야 하며, 압력을 조절할 수 있는 밸브와 압력 게이지가 있어야 한다. 필요한 최대 압력의 약 2배의 압력범위를 나타낼 수 있는 눈금판을 갖는 압력계가 바람직하며, 필요한 최대 압력의 1.5배 이하 또는 4배 이상이 되어서는 안 된다.

모든 다이얼 표시형 및 기록형 게이지는 표준하중압력계, 교정 마스터 게이지, 수은주와 비교하여 교정하며, 사용 중 적어도 매 1년마다 교정하며, 작동 오류가 의심이 나는 경우 항상 재교정하여야 한다.

3) 진공상자의 적용

기포누설시험 진공 상자법은 용접부위, 그리고 대기압 상태에 있는 시스템의 압력경계 부위에서 관통된 불연속을 검출하는데 이용되고, 가압할 수 없는 시스템의 검사에 유용하다. 또한, 침투액을 이용한 누설검사에서 감도를 증가시키기 위해 압력차이를 발생시키는 방법으로 사용된다. 이 방법에서 검출할 수 있는 전형적인 불연속은 균열, 관통구멍, 용융부족 등이다.

발포액을 시험되는 표면에 적용한 후, 관찰할 수 있는 창이 윗면에 있고 창을 통해 빛이 충분히 조사될 수 있어야 하며, 시험지역을 완전하게 검사할 수 있도록 충분히 큰 진공상자를 설치한다.

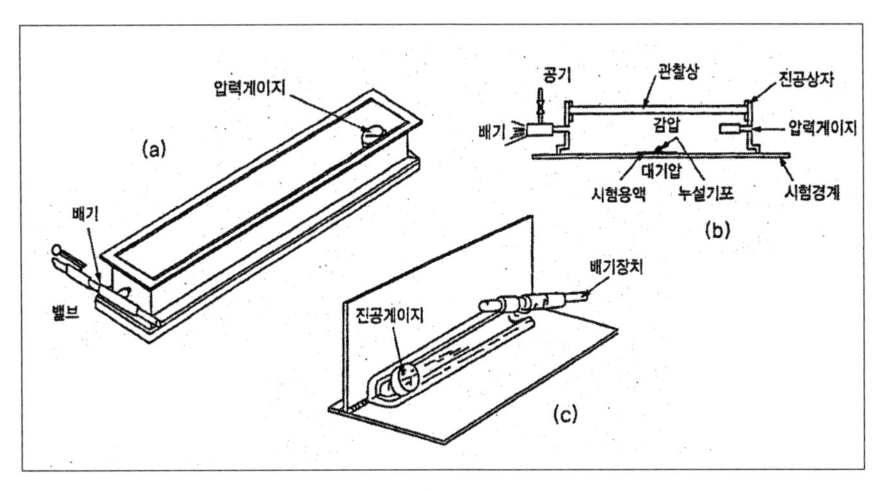

〔그림 2-2〕 진공상자의 적용

진공상자를 설치한 후 대기압이 적용되는 반대면을 진공 감압 시킴으로써 검사를 한다. 교정된 압력 게이지를 진공상자에 설치하고 시험 하에서 압력변화의 관찰을 실시하는데, 누설이 존재한다면 기포의 형성을 관찰 창을 통해서 확인할 수 있다. 관통된 불연속이 연속적인 기포의 형성으로 나타날 경우 그 불연속은 불합격으로 한다. 불합격인 제품은 수정한 후, 재시험을 거쳐야 하며, 하나의 미세 기포가 형성되었을 때 그 것은 관련지시일 수도 있고, 아닐 수도 있는데 시험체의 형태, 종류나, 검사기법에 영향을 많이 받는다.

4) 진공상자의 설계

진공상자는 곡면으로 된 표면, 각이 있는 심(seam), 수직심 등을 검사하는데 적절하다.

그림 2-2(a)는 진공을 확인하는 진공 게이지가 부착된 표준 진공상자이다.
(b)는 진공 상자 내부에 압력 게이지를 부착한 진공 상자이고 (c)는 t-cross등 앵글부위를 검사할 수 있는 형태의 진공상자이며, 진공상자의 여러가지 형태를 그림 2-3에 나타내었다. 진공상자는 적어도 100 ㎪(1atm)의 외압에 견딜 수 있어야 하고, 진공 상자와 제품 표면과의 접촉부분에 유연성 가스킷(flexible gasket)을 부착해야 한다.

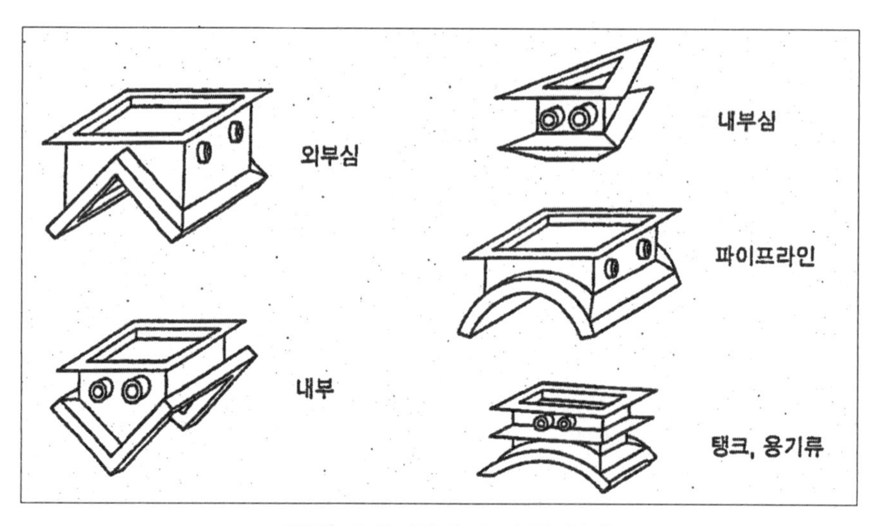

〔그림 2-3〕 진공 상자의 형태

표준 진공상자의 크기는 15 ㎝× 75 ㎝(6 in × 30 in)이지만 시험체의 형태나 종류에 맞게 제작 사용할 수 있다. 모든 진공상자는 표면과 반대되는 윗면에 관찰할 수 있는 창을 설치해야 한다. 또한 진공을 유지하고 외부 대기와의 흐름이 없도록 철저하게 밀봉되어야 한다.

5) 진공상자의 특성

① 자연광이나 백색광 하에서 쉽게 관찰할 수 있는 형태이어야 한다.
투명한 유리, 플라스틱 글래스(아크릴)로써 관찰창을 만든다. 또한 감압을 견딜 수 있어야 한다.

② 한 사람이 이용할 수 있도록 가벼워야 한다.

③ 진공이 시작되고 쉽게 진공근원에 도달해야 하며, 진공을 유지하기 위해 우수한 밀봉재를 사용해야 한다.

④ 휴대성이 좋아야하며, 쉽게 설치되고 요구되는 압력에 쉽게 도달해야 한다.

⑤ 다이얼 게이지를 쉽게 읽을 수 있어야 한다.

⑥ 진공장치를 차단하거나 압력차이의 정도를 조절하기가 쉽고 빠른 밸브를 사용해야 한다.

위의 내용들을 충족할 수 있다면 고압력 차이를 얻기 위한 진공상자 조건을 결정하기 위해 시험전 작업성을 측정해야 한다. 예를 들어 35 ㎪(5 psi)의 압력차이가 요구되어진다면 진공상자는 최소한 55 ㎪(8 psi)정도의 압력에 견딜수 있는 능력이 있어야 한다.

다. 침지법(Dipping method)

기포누설시험 침지법은 액체 중에 침지시켜 가압한 기기 및 용기 내의 누설장소를 찾아내는 방법이다. 시험체는 밀봉되어져 있거나 시험도중 밀봉할 수 있어야 하고 시험체를 담그기 전에 기체를 이용하여 가압되어 있어야 한다. 누설의 근원은 누설로부터 액체내로 기포가 형성됨으로써 인지되어지는데 시험체와 누설시험장치는 허위 누설을 포함하지 않는 상태로 설계되어야 한다.

기포형성과 기포의 흐름은 누설지점의 열린 개구부로부터 발생되고 누설 위치를 찾는데 효과적이다. 기포 누설의 주요 장점은 간편하다는 것. 누설 위치를 정확하게 찾을 수 있다는 것이다. 단, 대형 용기를 침지법으로 적용하는 것은 불가능하다.

1) 침지법의 순서

① 시험체에 전처리를 행한다.

② 기체를 이용 가압한다.

③ 시험체를 침지 용액에 침지한다.

④ 관찰 및 기록 한다.

⑤ 장치 및 시험체의 후처리를 실시한다.

2) 침지 용액의 종류

① 물은 표면장력을 감소시키고 기포 방출 회수를 조절하기 위해 액상 수적 방지액과 혼합하여 사용한다. 고성 수적 방지제는 소량으로도 충분한 효과를 볼 수 있다.

② 에틸렌 글리콜은 농도를 진하게 하여 사용한다.

③ 미네랄 오일은 37×10^{-6}~ 41×10^{-6} ㎡/s의 점성을 갖는다(25℃에서 37~41 centistokes). 미네랄 오일은 점성이 좋아 진공 침지법에 가장 적합하다.

④ 플루오르 카본은 원자력 분야의 재질이나 스테인레스 강에는 사용하면 안된다. 글

리세린은 기포 검출 감도가 낮아 검출능이 떨어진다.

⑤ 실리콘류는 페인트 도색된 시험체의 누설검사에는 사용하지 않는다.

3) 기포 형성에 영향을 주는 인자

침지 용액에서의 기포 형성과정은 압력뿐만 아니라 시험 용액의 물리적 성분에 의존한다. 또한 누설을 통한 추적가스의 성분에도 의존한다. 그러므로 액체와 시험에 사용된 추적기체의 적절한 조화에 의해서 기포의 크기와 성장률이 결정되어지며, 누설검출과 누설위치를 알기 위해서 기포는 육안으로 명확하게 관찰되어야 한다. 침지법의 감도는 미세홀에서 형성된 기포를 관찰할 수 있는 검사자의 능력에 의해 결정된다.

액체의 높은 표면 장력은 누설지시 즉, 기포형성을 제한할 수 있다. 기포가 쉽게 발생할수록 누설은 보다 쉽게 관찰되어질 수 있다. 한편으로 시험기체(추적가스)나 시험용액을 교체함으로써 시험 감도를 증가시킬 수 있다.

시험용액이 누설구멍 주위의 고상 표면에 적심 하지 못할 때 기포의 가장자리는 누설구멍으로부터 확산되어지는 경향이 있는데 이것은 보다 큰 기포를 형성하는 결과를 나타낸다. 큰 기포는 또한 표면 적심을 방해하는 경향이 있는 그리이스나 기타 추적자의 사용에 있어서 형성되어진다. 주어진 기체 유동률에 있어서 큰 기포의 형성은 기포 발생회수를 감소시킨다. 단위 시간당 기포 형성 회수는 기포의 체적과는 반비례 관계에 있다. 바꾸어 말해서 기포의 직경과도 반비례 관계가 된다. 그러한 결과로써 유기물질에서의 기포 발생회수는 물에서의 발생회수보다 100배정도 높게 나타난다. 유기물질(탄소성분이 포함된 물질)인 에틸알콜과 메틸은 물보다 쉽게 고상 표면에 적심되고 기포는 보다 미세해질 것이다.

물이 시험용액으로 사용되어질 때는 표면 장력을 감소시키는 세제나 수적방지액을 혼합하는 처리를 해야 한다. 표면 장력의 감소는 기포의 크기를 감소시키고 시험품 표면에 부착되는 경향이 있다.

5) 기타 침지법

(가) 진공침지법

밀봉된 시험품의 기포누설시험을 위한 최소압력차이는 100 ㎪(1 atm)의 압력차이가 되도록 감소시킨다. 진공의 정도는 시험용액의 종류에 의존한다. 시험용액이 비등점 이하로 유지된다면 최대로 진공을 유지할 수 있다. 관찰창은 신호지점으로부터 기포의 흐름 또는 두 개 이상의 기포발생 및 성장 등을 관찰할 수 있도록 설치해야 한다.

(나) 가열침지법

전자제품 같은 소형 밀봉제품은 기포누설시험에서 필요한 최소한의 압력 차이를 발생시키기 위해서는 검사용액이 담긴 침적조를 가열시킨 후 시험한다. 시험품 내에서의 온도의 증가는 내부압력에 의해서 가스나 기체가 팽창함으로서 증가되어질 가열 침적조에 위치한 밀봉된 시험체에서의 압력차이의 발생은 10~43 ㎪의 범위를 갖는다. 침적조의 온도가 원하던 지점에 이르면 더 이상의 온도 조절은 필요치 않고, 만일 침적조가 크다면 개개의 제품을 동일시간에 다량으로 검사할 수 있다. 이 방법은 저항기, 반도체, 직접 회로, 밀봉제품과 같은 다량 생산품 검사에 이용한다.

제 2 절 할로겐 누설시험

1. 할로겐 누설시험의 원리

가. 할로겐누설시험의 개요

할로겐 증기가 양극에서 이온화 하고, 그 이온을 음극에 모이게 하는 가열 백금 원소(양극)와 이온 집적판(음극)의 원리를 이용한다. 이온형성에 필요한 전류는 미터(meter)로 표시되며, 높은 감도의 누설검출기는 압력이 다른 두 부분으로 분리되어있다. 매우 작은 개구부를 저압측에서 유출하는 할로겐 기체 또는 혼합기체 내의 할로겐 성분의 존재를 검출한다. 이 방법은 반정량적(semiquantitative)방법이다.

그러나 할로겐 화합물가스를 추적가스로 이용하는 방법은, 환경문제로 인해 앞으로 사용이 곤란하게 될 것으로 예상된다.

할로겐 누설시험에 사용되는 추적가스, 누설량 및 주요사항들은 다음과 같다.

① 추적가스로는 R-12(CCl_2F_2)와 R-22($CHClF_2$)를 보편적으로 사용한다.
추적가스농도는 압력에서 체적으로 환산하였을 때 약 10%이어야 한다.

② 누설량 : $Q = 1\times10^{-4}\ \frac{실제농도}{100}$

③ 교정주기 : 검출기의 감도는 시험 전, 시험 후, 연속 사용시 2시간 마다 교정한다.

④ 프로브 속도는 2 ~ 5㎝/s이며 시험표면과 1/8inch 내의 거리를 유지하며 주사한다.

정밀탐상을 요할 때는 1㎝/s로 한다.

⑤ 압력 유지 시간은 최소 30분간 유지한다.

⑥ 평가는 1×10^{-4} std ㎤/s의 허용을 초과하는 누설이 검출되지 않으면 합격이다.

나. 할로겐 추적가스와 검출기

할로겐 추적가스를 이용한 누설검사는 염소(C1), 불소(F), 브롬(Br), 요오드(I)같은 할로겐족 원소를 포함하는 가스상 혼합물에 대한 응답이 가능한 검출기를 이용해야 한다. 본래 할로겐원소는 독석으로 인해 일반적으로 사용할 수 없고 원소 자체로서도 검출기에서 응답되어지지 않는다. 할로겐 가스성분은 일반 냉매와 혼합될 때 비독성 화합물 조성이 된다. 표 2-1에 여러 종류의 할로겐 추적가스를 명시해 놓았다.

밀폐용기, 일반제품, 파이프 또는 시스템이 할로겐 추적가스 중 하나로 가압되어지거나 할로겐가스와 질소가스가 혼합된 냉매가스로 가압된다면 할로겐누설 검출기는 누설위치를 검지할 수 있거나 누설량을 측정할 수 있다.

기본적인 원리는 할로겐계 가스가 검출기의 양극과 음극사이에 들어오면 양극에서 양이온의 방출이 증가하고, 방출된 양이온이 음극에 이르면 전류가 증폭되어 경보, 미터의 지시로 누설개소를 검지할 수 있다.

내장된 검출프로브를 이용하여 누설위치를 검사하는데 누설검출기 감도가 기타방법들과 비교할 때 우수한 편이라서 압력차이가 나는 두 지역을 분리하는 경계 또는 벽 내의 존재하는 누설, 누설위치를 측정할 수 있다.

누설이 존재한다면 압력의 흐름이 발생하고, 흐름은 높은 곳에서 낮은 곳으로 흐르기 때문에 프로브의 위치는 압력이 낮은 표면 쪽에 위치시킨다. 반대쪽은 할로겐 추적가스를 이용하여 가압을 시키는 방법을 선택할 수 있다. 할로겐 다이오드 스니퍼 시험방법은 누설을 검출하고 누설위치를 결정하기 위한 반정량적 방법이며 정량적 방법으로 고려되기는 힘들다.

할로겐 누설시험에서는 세가지 형태의 할로겐 누설검출기가 있다.

① 가열 양극 할로겐 검출기(Heated anode halogen detector)

② 할라이드 토치(Halide torch)

③ 전자포획 검출기(Elctron capture)

표 2-1 추적가스의 종류

명 칭	화 학 식	품 명
Dichlorodifluoromethane	CCl_2F_2	R-12
Fluorotrichloromethane	CCl_3F	R-11
Chlorotrifluoromethane	$CClF_3$	R-13
Dichloromonofluoromethane	$CHCl_2F$	R-21
Monochlorodifluoromethane	$CHClF_2$	R-22
Trifluoromonofluoromethane	$CBrF_3$	R-13B1
Trichlorotrifluoroenthane	CCl_3F_3	R-113
Dichlorotetrafluoroenthane	$C_2C_{l2}F_4$	R-114
Sulfurnexafluoride	SF_6	Electronegative gas tracer
Methyl cholride	CH_3Cl	
Vinyl chloride	C_2H_3Cl	
Trichloroethylene	C_2HCl_3	
Carbon Tettrachloride	CCl_4	
Perchloroethylene or Tetrachloroethylene	C_2Cl_4	

다. 추적가스의 선택

누설검사에서 보편적으로 이용되어지는 할로겐 추적가스는 R-12(CCl_2F_2)와 R-22($CHClF_2$)이다. 통상적인 냉매가스의 명칭은 프레온(Freon), 제네트론(Genetron), 이소트론(Isotron), 튜콘(Ducon), 웨스트론(Westron)이며, 이런 화합물 등은 가압 액체 실린더나 작은 캔형으로 적용되어질 수 있다.

만일, 저장실린더에서의 압력이 밸브를 통해서 감소되어 냉매가스가 시스템이나 챔버 내로 취입된다면, 냉매가스는 챔버 내를 충진하기 위해서 기화하고 확산할 것이다. 액상의 냉매는 밀폐된 시스템이나 챔버 내부가 액상의 기화압과 동등해질 때까지 계속해서 기화할 것이다.

기화가 진행되는 동안 냉매가스는 상당히 냉각되어질 것이다. 만일, 가스가 대형 챔버 내로 유입되어진다면 냉매용기는 냉매의 기화가 극히 느린 지점에서 냉각되어질 것이다. 이럴 경우에는 따뜻한 물에 실린더를 위치하여 냉매의 증발을 가속화하는 것이 필요하다.

냉매가스 R-12와 R-22는 상온에서 가압한 액상으로서 저장되어진다. 21℃온도에서 R-12는 480 ㎪(70 psi) 이상으로 가압하여 액상냉매를 만들고, R-22는 840 ㎪(122 psi) 이상으로 가압하여 만든다.

표 2-2 R-12와 R-22의 비교

성 분	냉매 R-12	가스 R-22
화학식	CCl_2F_2	$CHClF_2$
분자량	120.9	86.4
대기중 농도	1.5	1.5
끓는 점(대기압, ℃)	-29.8	-40.8
끓는 점(대기압, °F)	-21.6	-41.4
비중(B · P점)kg/㎥	1486	1413
비중(B · P점)1b/fc^3	92.8	88.2
비중(21℃)kg/㎥	1413	1209
비중(70°F)1b/fc^3	82.6	75.5
기화압(21℃)	483	842

라. 할로겐 누설시험 절차

1) 준비

다음의 준비 작업들은 대형공업 설비에 있어 할로겐 누설시험 전에 사용되어진다.

① 다른 비파괴검사에서와 마찬가지로 시험표면을 깨끗이 하고 용접부위에서 슬래그를 제거시킨다. 육안검사를 실시하여 잘못된 용접부위나 제작품은 할로겐 누설시험 전에 수정한다.

② 할로겐 스니퍼로 누설시험 되어지는 어떠한 시험품도 물기가 존재하면 안된다. 만일 시험품이 할로겐 스니퍼시험과 수압시험 두가지 다 시행되어진다면 수압시험으로 인해 잔류된 수분이 누설을 막을 염려가 있으므로 할로겐시험이 먼저 실시되어야 한다.

③ 기포누설시험은 할로겐 누설시험 전에 수행해야 한다. 이것은 할로겐 시험시 배경오염이 되는 거대누설을 미리 검출하여 제거하거나 수정하기 위함이다.

2) 할로겐 추적가스 주입 : 가압시스템

가압시험에서 가압기체로 냉매가스와 공기 또는 질소 혼합물이 사용되어진다. 할로겐 누설시험에 사용되는 가압기체로서 아세칠렌, 프로필렌, 프로판 같은 혼합기체와 산소는 절대 사용하지 말아야 한다.

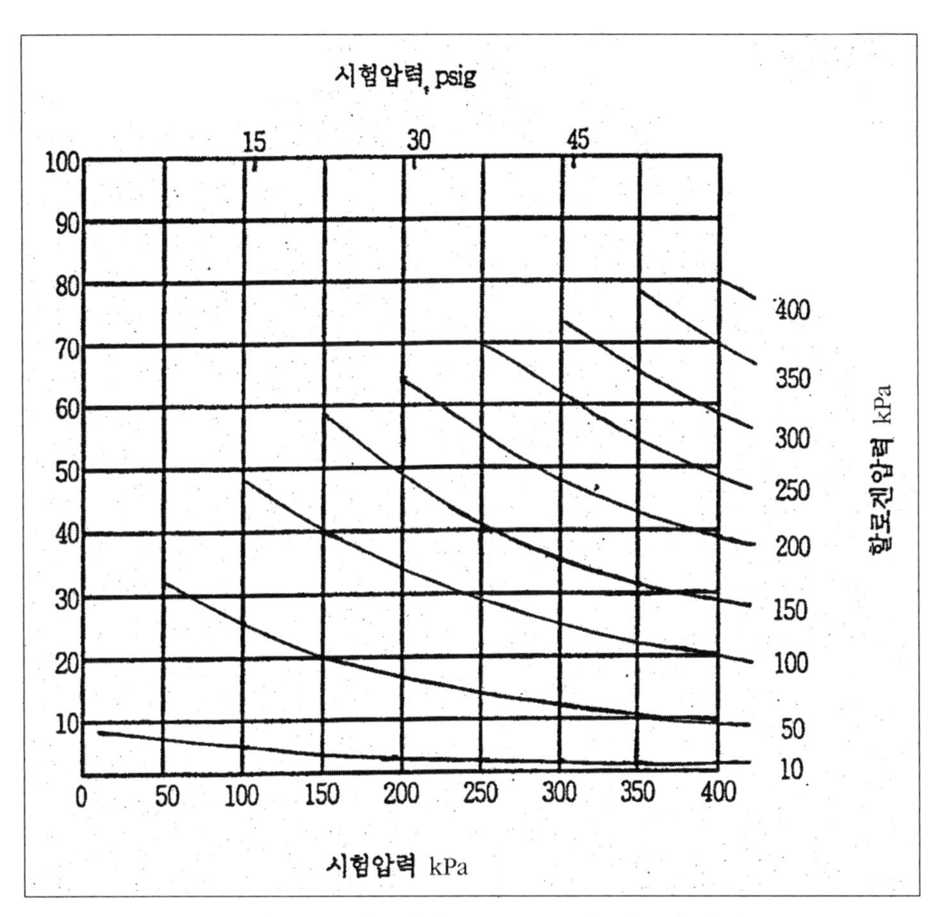

〔그림 2-4〕 할로겐 농도(14.7psi의 시스템 가압)

배관은 경납 조인트, 냉매주입 호스 등으로 이루어져 있는데, 치밀한 형상을 시험할 때는 장치가 필요 없이 혼합기체와 함께 가압하는 것이 적절하다. 가압 전에 기체(공기)는 배기되져야 한다. 이 장치는 시험시스템을 통해 냉매의 혼합과 분산을 할 수 있게 해준다.

요구되는 가스압력과 누설시험감도 또는 누설시험 시스템 감도에 따른 추적가스의 종류는 시험절차에 따라서 결정되어진다. 규정된 시험에서 누설검출기를 교정하기 위해 쓰여지는 체적내의 할로겐 추적기스의 농도는 항상 규성되어 있는 것이 아니다. 할로겐 추적가스의 농도는 그림 2-4 그리고 표 2-3으로부터 얻을 수 있다.

3) 누설위치검사

할로겐 스니퍼를 이용해서 누설을 검사하는 동안 작업자는 규정된 시험품 표면으로부터 일정한 프로브 간격을 두고 규칙적인 조사에 의해서 누설위치를 찾을 수 있다.
거리를 보다 쉽게 얻기 위해서 프로브 팁 끝을 노치가 있는 플라스틱 튜브로 접합시킬 수 있다. 그리고 프로브 팁 쪽에 원하는 길이만큼 돌출 시킨다. 누설시험동안 작업자는 프로브 작동을 유지하고 매뉴얼 버튼은 'on'시키고 표준누설을 이용, 기기의 감도를 매 2시간마다 측정해야 하고, 그리고 프로브 팁은 누설기기에 견고하게 접촉시킨다.

표 2-3 체적에 따른 할로겐 시험농도

할로겐 농도 %									
할로겐 압력 kPa	시험압력, kPa								
	10	50	100	150	200	250	300	350	400
10	94	71	53	42.5	35	30.5	26.5	23.5	21
50		95.5	72.5	57.5	48	41.5	36	32	29
100			96	78	64.5	55.5	49	43.5	39
150				97	81	69.5	61	54.5	49
200					97.5	84	73.5	65.5	59
250						98	86	76.5	69
300							98	88	79
350								98.5	89
400									98.7

누설이 나타날 때 작업자는 배경신호가 아닌 실제누설에 기인된 신호를 증명하기 위해 동일 누설지역을 재시험해야 하고, 작업자는 둘 또는 그 이상의 방향으로 프로브 팁을 검사된 누설지역으로 이동해야 한다.
누설은 보통 첫 번째 누설신호에서 둘 또는 그 이상의 신호지점 중간에서 발생된다. 덧붙여서 가압용 접착테이프, 밀봉재, 플라스틱 등이 시험품 표면을 덮고 있으면 누설부위를 막을 염려가 있다. 이때에는 신호가 나타날 때까지, 새로 노출된 지역을 스니퍼 주사하는 동안 천천히 제거해야 한다.

4) 할로겐 누설시험 장소의 설계

에어컨디셔너나 냉방기기를 제조하는 곳에는 누설시험을 위해 작업실이나 부스(booth)를 설치해야 하는데, 이것은 시험지역이 할로겐 누설로 인해 추적가스로 오염되기 때문이다. 작업실이나 부스는 내부공기의 와류나 과도한 풍속으로부터 보호하기 위해 매우 낮은 속도로 신선한 공기를 외부로부터 공급받아야 한다.

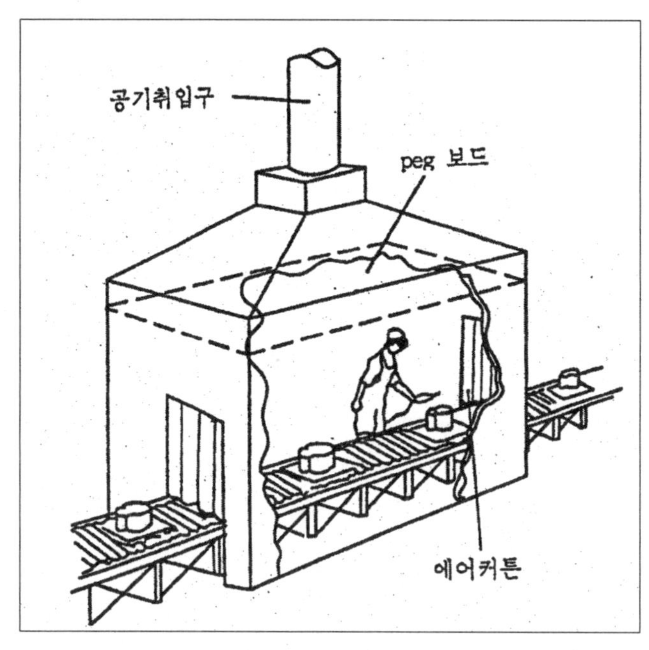

〔그림 2-5〕 누설검사 부스

부스는 누설시험의 간섭으로부터 오염을 방지하기 위한 효과적인 장치이다. 외부공기는 분당 한 번 또는 두 번의 환기를 위해 유입된다. 일반적인 부스의 형태는 그림 2-5와 같다.

① 외부에서 유입되는 공기는 활성탄(activated charcoal) 필터로 여과시키며, 공기중의 할로겐 기체를 제거한다.

② 부스 안에서 공기의 와류나 과도한 풍속을 방지하기 위해 유입 전에 취입기를 이용 확산시킨다.

③ 부스 안으로 컨베이어 벨트가 통과한다면 그 부위에 고무커튼을 설치하여 오염된 공기의 유입을 막는다.

④ 적절한 습도를 유지하고 환기를 위해 에어컨디셔너를 설치할 수 있다. 이것은 작업자의 주변환경을 개선시킨다.

마. 할로겐 추적가스, 검출기 사용시 주의점

할로겐 스니퍼나 프로브는 실린더로부터 R-12와 같은 순수한 냉매가스의 흐름이 있는 곳에 놓여져서는 안된다. 농축된 추적가스에 노출되면 일시적 또는 영구적으로 오염될 수 있고, 기기의 가열 양극 검지 전극의 수명을 단축시키기 때문이다.

이것은 전극을 세정하기 위해 오랜 시간이 걸리는 요인이 되거나 전극을 교체해야 한다. 연소성 또는 폭발성 대기에서 양이온 검출기나 할라이드 토치 타입의 할로겐 누설검출기를 사용하지 말아야 한다. 또한 가열양극 검출기는 900℃(1650°F)온도에서 작동되고 인화성가스와 혼합되면 발화할 수 있다.

제한된 지역에서 할로겐 스니퍼시험을 하는 작업자는 흡연을 삼가 해야 하는데, 담배연기는 검지전극에 접촉할 수 있는 알카리 성분을 다량 포함하고 있어, 누설측정 미터기에 반복적이고 불규칙한 신호를 나타낸다. 만일 할로겐 누설시험이 용접가스 같은 알카리성 기체로 채워진 곳에서 수행된다면 반드시 환기시킨 후에 실시해야 한다.

가압시스템으로부터 할로겐 혼합물이 환기될 때, 배기관은 환풍된 가스가 시험지역으로 들어오는 것을 방지하기 위해 시험실 외부로 설치해야 한다. 이러한 주의는 시험이 지연될 수 있는 배경오염을 시험지역에서 없애기 위해 필요하다.

시험지역에 할로겐 기체가 초과되지 않도록 안전도를 기록 유지해야 한다. 고온에서 존재되는 R-12는 높은 독성을 갖는 염화수소, 불화수소, Chlorine, 포스겐 가스로 변한다.

바. 할로겐 누설시험 적용분야

할로겐 시험방법은 열교환기, 냉동기기 제품 검사에 많이 이용된다. 또한 자동차 라디에이터, 에어컨디셔너, 냉방기기, 원자력 구조물, 컴프레셔, 증기보일러 튜브, 배관, 연료탱크, 항공기 연료탱크, 지하배관 등에 광범위하게 이용된다.

2. 할로겐 누설시험의 종류

할로겐 누설시험에서는 세 가지 형태의 할로겐 누설검출기가 있다.

1) 가열 양극 할로겐 검출기(Heated anode halogen detector)

2) 할라이드 토치(Halide torch)

3) 전자포획 검출기(Electron capture)

가. 가열양극법

1) 가열양극법의 개요

일반적으로 할로겐 다이오드 스니퍼 시험을 가열양극법이라고 하며, 가열양극 할로겐 검출기는 양이온을 방출하는 세라믹(ceramic) 가열전극과 백금(platinium) 전극으로 이루어져 있고, 그림 2-6에 잘 나타나 있다. 방출 양이온은 누설신호 전류를 나타내기 위해 음극 쪽에 포집되며, 할로겐 추적가스의 적은 양이라도 존재한다면 양이온의 방출이 증가할 것이다. 양이온 방출의 증가는 누설의 존재를 감지할 수 있는 척도가 된다.
가열양극에서 양이온을 방출할 수 있는 할로겐원소는 비금속의 활성원소이어야 한다. 예를 들면 C1, I, Br, F등이다. 할로겐 누설검출기는 일반적으로 할로겐 가스에 대해 민감하지 못하므로 할로겐을 포함하는 화학적 조성에 따라 최상의 응답을 얻을 수 있다.

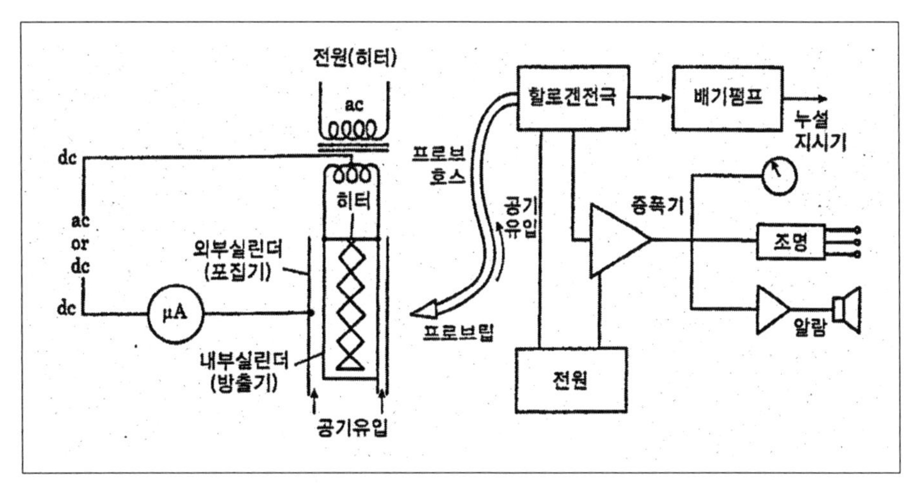

〔그림 2-6〕 가열양극 검출기 회로도 및 누설검사 도형

추적가스에는 두 가지 성분 이상이 혼합되는데, 그 중 한 가지는 반드시 할라이드 라 불리는 할로겐족 원소이어야 하며, 누설검사에 이용되는 가장 일반적인 할라이드 재료는 염소(C1 : Chlorine)와 불소(F : Fluorine)이다.

가) 양이온 방출의 특성

일반적으로 양이온 방출은 방출표면으로부터 재질의 손실을 의미한다. 특별한 이온 방출의 한 형태는 대기압 하에서 쉽게 발생되어질 수 있다.
백금과 세라믹 재질은 약간의 산화와 증발손실이 있더라도 가열상태에서 이용되어질 수 있는데, 그러한 재질 등은 이온 방출 근원으로서 매우 유용하다.
위와 같은 재질로부터 이온 방출비는 온도, 면적, 표면의 형태, 순도, 등에 크게 의존된다. 안정된 이온의 방출은 할라이드 기체가 전극 표면에 접촉될 때 크게 증가된다. 할로겐 성분 기체의 양이 적을지라도 할로겐 누설검출기에서의 이온전류는 증가된 양을 표시하게 된다. 공업용으로 폭넓게 사용되는 할로겐 추적가스는 R-12와 R-22냉매이다.

나) 가열양극 누설검출기의 기능

그림 2-4에서 가열양극 할로겐 누설검출기의 본질적인 기능이 나타나 있다. 기본적인 기기는 할로겐 누설검출기와 휴대용 검출프로브로 구성되어 있고, 검출 장치 구조는 동심실린더(concentric cylinder)의 형태로 되어 있다.

할로겐 기체가 포함된 공기를 검출하기 위해서는 근접한 두 개의 실린더 사이를 통과해야 하는데, 안쪽 실린더는 내부의 열선에 의해 가열되어지고, 바깥쪽 실린더는 음전기 전위에서 작동되어진다. 검출기는 실린더 사이에서 낮은 속도를 가진 추적가스가 포함된 기체를 검출하고, 에어펌프는 검출기를 통해서 대략 1㎤/s의 유동율을 제공한다. 센서를 통과한 할로겐 추적가스 농도의 증가는 검출기에서 전기적 신호를 증가시킨다.

* 주의 : 가열양극을 이용하기 때문에 할로겐 누설검출기는 인화성대기, 또는 폭발성 가스 혼합물이 존재하는 곳에서는 사용하지 말아야 한다. 가열양극 할로겐 검출기의 전기회로는 열원을 위해 낮은 전압을 가한다.
또 다른 동력은 50~500V AC 또는 DC에서 수백 ㎂를 제공한다.

다) 할로겐 누설검출기에서 신호전류

할로겐 누설검출기로서 할로겐 가스의 노출에 기인된 전류의 증가 측정에는 몇가지 방법이 있으며, 가장 간단한 것은 마이크로 암미터(Micro ammeter), 갈바노미터(galvanometer)이다. 또 다른 방법은 증폭기를 조절하기 위한 높은 저항을 통과하는 전압의 변화를 이용하는 것이다. 이렇게 변화된 양은 가시조명, 가청지시 또는 출력기록계로써 측정되어진다.

세 번째 방법은 축전기와 혼용된 이완진동자(relaxation oscillator) 그리고 가청지시를 내는 확성기(loud speaker)와 조합된 글로방전(저압가스 속에서 소리 없는 발광방전)튜브를 사용하는 것이다.

검출 기기를 통과한 전류는 축전기에서 충진되고, 전압이 충분이 높을 때 글로방전 작동, 그리고 축전기의 방전으로부터 기인하는 전류의 진동은 확성기에서 '탈칵' 하는 소리를 발생시킨다. 그러한 소리의 반복비율이 전류량의 지시이고, 전압비는 할로겐 추적가스에 의한 요인으로 축적된다.

라) 가열양극 할로겐 누설검출기의 적용

가열양극 할로겐 누설시험을 위한 기기는 대기압에서 작동되는 스니퍼 프로브로써, 누설위치를 측정하기 위한 검출프로브(detector probe)가 우선적으로 고려된다. 또한 이것은 정적인 누설시험에서 제한 없이 사용되어질 수 있다.

할로겐 검출기의 주요장점은 대기압에서 작동되어지도록 설계되어졌다는 것이다. 진공법에서는 변형된 할로겐 검출기를 이용하는데, 이때는 누설위치를 찾기 위해 추적 프로브가 사용되어질 것이다. 또한 이 검출기는 동적 누설시험에 사용되어질 수 있다.

누설량을 측정하기 위해서는 특별한 누설시험 시스템이 준비되어야 하는데, 할로겐 추적가스는 시험 하에서 진공으로 된 시스템의 압력경계의 외부표면에 적용해야 한다.

2) 가열양극 할로겐법의 특성

대기압 하에서 작동되는 가열양극 검출기의 할로겐누설감도는 표준 에어펌프(1㎤/s)를 사용할 때 1×10^{-10} Pa·㎥/s(10^{-9}std·㎥/s) 정도가 된다. 또한 이것은 공기중의 할로겐 원소가 1 nl/l일 경우이다.

가영양극법의 감도는 할로겐성분 조성에 따라 다양하게 변화될 수 있다. 진공에서 사용되는 누설검출기는 10 ~ 0.1Pa(10^{-1}~ 10^{-3}torr)의 압력에서 이용된다. 검출할 수 있는 할로겐가스의 농도는 0.2ppm 정도로 낮다.

할로겐 누설시험은 가압법 중에서 가장 감도가 높은 검사법이다.

가) 가열양극 할로겐법의 장점

① 대기압 하에 작업할 수 있다.

② 할로겐 추적가스에만 응답할 수 있다.

③ 기름에 막혀 있는(Oil-clogged) 누설을 검출할 수 있다.

④ 사용이 간편하고, 휴대용이고 능률적이다.

가장 큰 장점은 지표면의 대기압력 하의 기체상태에서 작업할 수 있다는 것이다. 그러므로 진공펌프의 장비 없이 검출프로브를 이용, 효과적으로 작업되어 질 수 있다. 게다가, 검출기는 저렴하고 휴대용으로 사용할 수 있다. 다른 주요 장점으로 검출기는 할로겐 혼합물에만 작동되어진다.

비록 할로겐 성분이 공기 중에 포함되어 때때로 문제가 발생할지라도 추적가스가 측정되어 질 때 특별한 의심을 가질 필요는 없다. 그 외 장점으로, 할로겐 추적가스는 기름류를 용해할 수 있는 특성을 가지고 있다. 기름은 내부압력에 대해 미세 누설을 막을 수 있다. 따라서 높은 압력 차이가 있더라도 기름을 미세 누설 부위로부터 제거할 수 없는데, 할로겐 추적가스는 기름에 대한 높은 용해성을 갖기 때문에 유용한 누설검사 방법이다.

나) 가열양극 할로겐법의 단점

① 인화성 재질이나 폭발성 대기 근처에서 사용하면 위험하다.
② 잔류된 할로겐 조성 성분에 의해 응답신호가 발생할 수 있다.
③ 스니퍼 튜브 통과시간에 따라 응답시간이 길어질 수 있다.
④ 할로겐 추적가스에 장시간 노출되면 누설신호가 사라질 수 있다.
⑤ 계측장비가 할로겐가스나 증기에 과다한 노출이나 장시간 노출되면 열화될 수 있다.

우선적으로 고려할 수 있는 단점은 높은 인화성 재질 근처, 또는 폭발성 가스가 혼합되어있는 대기에서 사용하기가 부적절하고 위험하다는 것이다.
두 번째로 할로겐 검출기는 할로겐족 원소가 포함된 모든 가스(재질)에도 응답한다는 것이다. 예를 들어, 검출기는 경화제, 세척제, 에어졸 등에도 응답할 수 있다는 것이다. 그러므로 할로겐 성분이 있는 재료들은 시험지역에서 존재하지 않도록 신경을 써야 한다.

나. 할라이드 토치법(halide torch)

할라이드 토치법은 할로겐 가스를 함유한 기체로 충전된 시스템에서 누설위치를 찾기 위해서 사용되어진다.

불꽃의 색깔이 할로겐가스에 의해 변색되는 것을 가지고 누설을 측정하는 방법으로, 할라이드 토치는 아세틸렌이나 알콜과 같은 할라이드 프리가스 탱크와 연결된 버너로 구성되어 있다.

공기는 누설위치에서 프로브와 연결된 튜브를 통해서 유입되어 튜브 끝이 할로겐 추적가스 근처를 통과할 때, 약간의 추적가스가 불꽃이 발생되는 버너부분으로 유입된다. 할라이드 불꽃 검출기는 동판(copper plate)으로 된 작은 버너로 이루어져 있으며, 공기만이 튜브를 통해 버너에 유입된다면 불꽃은 연한 청색을 나타내게 되는데, 만일 할로겐 추적가스가 함유된 기체가 유입된다면, 불꽃은 녹색으로 변하게 된다.

할라이드 토치법은 가압 시스템에서 누설위치를 찾는데 이용되고, 또한 낮은 가격과 휴대성으로 인해 쉽게 이용되어진다.

할라이드 토치법은 연간 250 ~ 300 g/Yr 이하의 냉매가스 누설을 측정할 수 있으며, 냉매가스의 감도는 대략 100 $\mu l/l$ (ppm)이고 초당 1l의 공기흐름(2 ft^3/min)일 때, 10^{-5} Pa·m³/s의 일반적인 감도를 갖는다.

토치법은 개개인이 휴대용 가스 실린더를 소지함으로써 유용하게 이용된다. 같은 원리로 보다 복잡한 기기인 불꽃변색시험기도 이용할 수 있다.

할라이드 토치법의 특성은 다음과 같다.

① 기포누설시험만큼 빠른 탐상이 가능하다
② 감도가 기포누설시험과 비슷하다.
③ 기포누설시험에서 찾을 수 없는 누설의 위치를 찾을 수 있다.
④ 대부분의 냉매가스는 불연소성이다.
⑤ 낮은 가격, 휴대성이 용이하다.
⑥ 특별한 교정수단이 없다.
⑦ 작업이 간단하고 쉽다.
⑧ 큰 누설 근처의 작은 누설 검출이 어렵다.

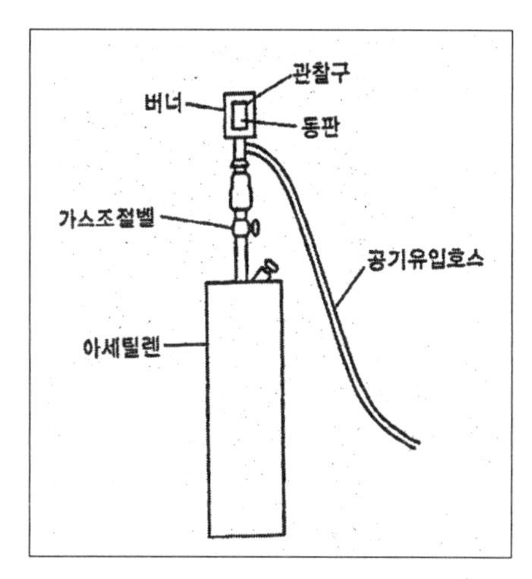

〔그림 2-7〕 할리이드 토치

다. 전자포획법

전자포획 할로겐 누설검출기 프로브 장치는 일반적으로 약한 3중수소 방사성동위원소를 통과하는 가스의 이온화에 의해 생성된 저에너지 자유전자에 대해 어떤 분자화합물과의 친화력의 원리를 이용한다.

가스흐름에 할로겐화합물(halide)이 포함되는 경우 전자포획이 일어나 계기에 나타난 할로겐 이온 존재농도의 감소를 일으킨다. 배경가스로는 비 전자포획 질소 또는 아르곤이 사용된다(공기는 산소가 전자포획기체이기 때문에 '배경가스' 로 사용될 수 없다).

배경가스는 방사성 물질 트리튬에서 주기적으로 발생되는 자유전자를 이온화하는 검지전극을 통해서 흐른다. 트리튬($_1H^3$)은 전자 방출에 의해 붕괴되어 12년의 반감기를 가지며, 원자량이 3인 헬륨($_2He^3$)으로 된다.

또한 18kV의 낮은 에너지를 갖는 전자이기 때문에 방사선 차폐는 필요치 않고 방사능도 검지전극 내에 잔류되게 된다. 누설검출기 프로브로부터의 공기는 검지전극으로 흡입되어 진다. 이 때 공기 중에 할라이드 가스가 포함되어져 있다면 전자 포획이 발생하고 그에 의해서 전극사이에서 전자 전류가 감소된다. 전류의 이러한 감소는 존재하는 할로겐 이온의 농도에 대한 측정치이다.

가열 양극법과 비교하여 전자포획법의 주요 장점은 교정이 안정적이다. 일시적으로 감도가 감소될지라도 과노출이나 사용하는 정도에 따라 교정이 변하거나 장비가 손상되지는 않는다.

다른 장점으로는 구성물질에 해가 되는 가열 전극이 없다는 것이다. 전자포획법을 기준으로 하는 누설 검출 기기는 대기 중에 존재하는 불순물을 검출하는데 낮은 감도를 갖는다. 이 방법은 또한 10^{-12} Pa · ㎥/s 정도의 누설율 검사를 위한 추적가스로서 sulfer hexafluoride(SF_6)를 사용하면 특별히 효과적이다.

일반적으로 할라이드 추적가스를 사용한 전자포획법의 감도는 가열 양극 기기의 감도와 비슷하고, 누설율 설정에 있어서 보다 넓은 범위에 이용되어진다.

3. 할로겐 누설시험 방법

가. 할로겐 누설검출기

전형적인 할로겐 누설검출기 시스템은 검출전극으로부터 누설기체를 끌어내기 위한 에어펌프, 전원 출력신호를 나타내는 증폭기 등으로 구성되어 있다.

누설신호는 기기상의 지시, 다양한 주파수의 가청신호, 알람이나 조명 등에 의해서 증명되어진다. 검출전극이나 프로브에 의해 흡입되어지는 기체는 대략 30*l*/hr(0.5*l*/min)정도이다.

나. 할로겐 누설시험 기법

할로겐 추적가스를 이용 압력용기의 누설을 찾을 때 프로브 팁은 그림 2-8에서와 같이 누설이 예상되는 seam이나 용접부위 쪽으로 움직인다. 이러한 프로브 검사방법에서는 특별한 주의가 필요한데, 검사속도가 너무 빠르면 미세누설을 간과할 수 있다. 이런 상황을 피하기 위해 프로브속도는 최소 누설율을 검출하기 위한 비율로 움직여야 한다.

10^{-6} Pa · ㎥/s 정도의 허용누설을 측정하기 위한 용접심 검사에서 프로브 속도는 약 2~5 ㎝/s(1~2 in/s)로 할 수 있다. 그런데 보다 미세한 누설을 검출하기 위해서는 1㎝/s 정

도로 속도를 감소시켜야 한다.

프로브 팁은 그림2-8에서와 같이 시험체 위를 움직이면서 가볍게 접촉시킨다. 외부의 통풍은 실제누설 시험동안 프로브 팁으로부터 누설기체가 탈출하지 않도록 차단되어야 한다. 프로브가 누설부위가 접근하거나 통과할 때, 할로겐 추적가스는 검출되어지는 곳에서 검지전극을 통해 공기와 함께 프로브로 흡입되어진다.

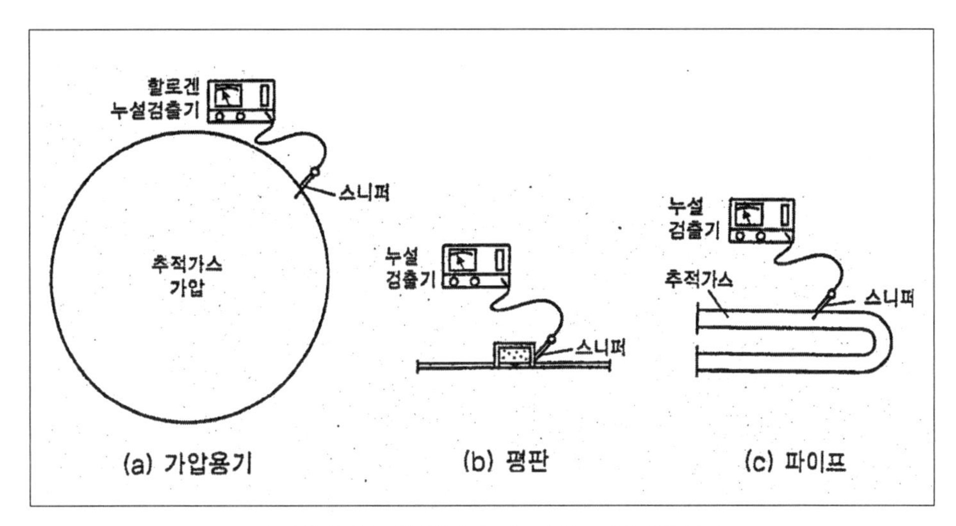

〔그림 2-8〕 할로겐 누설시험 기법(프로브)

다. 진공시스템에서 할로겐 누설시험 기법

진공시스템에서 누설을 찾는 데는 특별한 누설 검출기가 필요하며, 교정단위는 가압에서와 동일한데, 누설검출기의 센서는 끝 부분이 밀봉된 길이 100 ㎜, 직경 16 ㎜인 파이프와 분리해서 위치한다. 밀폐되지 않는 부분은 진공시스템으로 밀봉시킨다. R-12가 누설을 검출하기 위해 진공시스템의 외부에서 추적가스로 사용되어진다. 이 방법은 헬륨 질량분석기 시험 추적 프로브법과 비슷한 시험 형태이다.

누설부위에서 추적가스가 분사될 때 추적가스는 진공 시스템으로 누설되고, 체적이 50l 정도로 적을 때의 시험체에서는 10^{-7} Pa·㎥/s의 누설이 검출되어질 수 있고, 응답시간은 보통 1~2초 정도가 된다.

큰 체적의 진공시스템은 시험하는 동안 검사되어지는 가스흐름에 대한 제한점을 가질 때, 누설검출기의 감도는 여러 가지 요소로 인해 감소된다. 그리고 응답시간도 증가되어질 것이다.

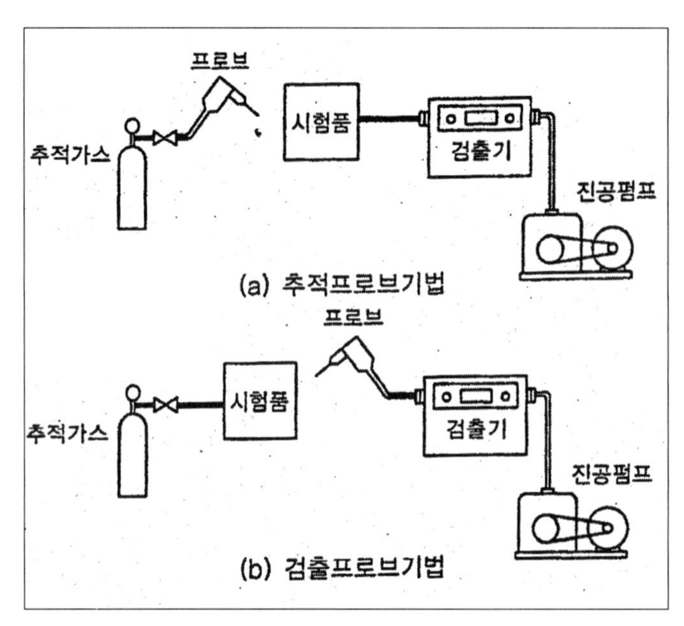

〔그림 2-9〕 할로겐 누설검사의 형태

제 3 절 헬륨질량분석기 누설시험

1. 헬륨질량분석기 누설시험의 원리

시험체 내에 헬륨가스를 넣은 후 누설되는 헬륨가스를 질량분석형 검지기를 이용하여 누설위치와 누설량을 검지하는 방법이다. 헬륨가스를 사용하는 이유는, 헬륨이 공기에 거의 존재하지 않기 때문에 다른 가스와 구별이 쉽고, 가벼운 기체로 분석관이 작으며 분자 직경이 작아 작은 구멍에서의 누설이 생기기 쉽고, 화학적으로 불활성이고, 인체에 무해하다는 것 등이 있다.

이 방법은 10^{-12} Pa · m^3/s정도의 극히 미세한 누설까지도 검사가 가능하고 검사 시간도 짧으며, 이용범위도 넓다.

가. 헬륨추적가스의 특성

누설검사에서 가장 일반적으로 사용되는 추적가스인 헬륨은 1868년 Lockyer에 의해 태양주위의 증기에서 발견되었다. 헬륨은 화학적인 불활성 가스 중 가장 가볍고, 원자량은 4이다.

특별한 온도에서 헬륨분자는 수소를 제외한 다른 가스들보다 높은 입자속도를 갖는다. 그런 이유로 헬륨은 대부분의 다른 추적가스들보다 빠르게 누설부위를 통해서 확산할 수 있으며, 화학적으로 불활성이고 금속제품에 해를 입히거나 부식시키지 않는 가스이다.

공기 중에서 누설을 검출하는 용도에 있어서 이상적인 추적가스이고, 공기중에서 극소량으로 존재하기 때문에(4 ppm : 4/100만) 추적가스로 사용하기가 용이하다. 또한 헬륨은 비독성, 비인화성이고 인체에 필요한 공기나 산소를 대체시키지 않는다면, 인체에는 무해하다.

나. 헬륨질량분석기의 원리

헬륨가스와 질량분석기형 헬륨누설 검출기를 이용하여 누설량과 누설위치(누설개소)를 알 수 있는 질량분석기의 내부구조는 그림 2-10과 같으며, 그 원리를 보면 시험체의 누설부위에서 유입, 유출되는 소량의 헬륨가스는 헬륨누설 검출기에 전달되는 분석관이 이온챔버(chamber)에서 필라멘트로부터의 전자빔에 의해 이온화된다.

이 생성 이온은 가속전압에 의해 가속되어 가속 슬리트에서 탈출하지만, 자장 내를 통과할 때 질량 차이에 의해 각기 다른 원 궤도를 그리게 되며, 그 중 헬륨이온만 이온 수집기에서 집적된 후, 증폭되어 전류증폭기에서 증폭된 미터(meter)상 지시를 나타낸다. 미터의 지시는 누설량에 비례하기 때문에 누설량의 측정이 가능하다.

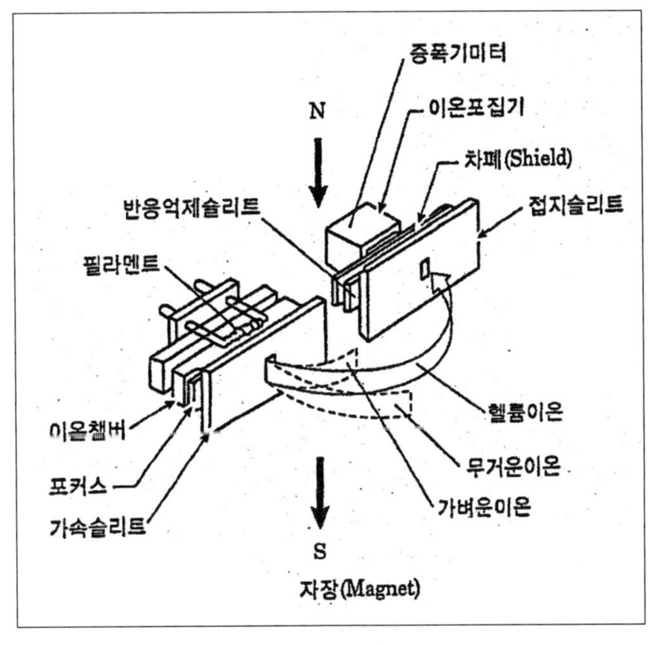

〔그림 2-10〕 질량분석기 내부 구조

다. 헬륨질량분석기의 적용

헬륨질량분석기 누설검출기는 최소 검출 누설율이 요구되는 구조물 등에서 신속한 누설검사를 위해 헬륨 추적가스를 사용, 가장 만족스럽고 다양하게 이용된다.

헬륨추적가스를 사용하기 때문에 고감도를 얻는 질량분석기는 대부분의 다른 누설검사방법보다 크고 작은 시험체이나 구조물에 있어서 누설에 대한 보다 큰 신뢰도를 얻을 수 있다.

누설시험 지시는 교육 및 훈련을 받은 검사원과 분석기의 작동, 그리고 다양한 누설시험 기술을 이용하여 얻을 수 있다. 대부분의 헬륨질량분석기는 휴대용이고, 어떠한 시험체나 시스템에 있어서 누설을 검출하기 위해 사용된다.

헬륨질량분석기를 적용하여 검사할 수 있는 제품에는 다음과 같다.

① 반도체와 직접회로
② 소형밀봉제품, 전자제품
③ 극저온장치, 진공장치
④ 대형냉방장치, 열교환기
⑤ 원자로 압력용기, 배관
⑥ 대형 고에너지 입자가속기의 고진공 영역

라. 헬륨질량분석기의 기능

헬륨질량분석기의 작동의 편리함, 고감도, 신뢰성, 다양성은 정확한 누설검사를 위한 비파괴검사의 표준이 될 수 있는 기기이다.

덧붙여서, 헬륨 누설검출기는 어떤 가스상 혼합물에서도 헬륨 함유량을 결정하고 다양한 재질을 통과하는 헬륨 확산률을 연구하거나 진공을 위해서 사용되는 밀봉재의 성능을 확인하기 위해서 사용된다.

누설시험은 가압이나 진공상태에서 실시하거나 한쪽은 대기압 이상의 가압 그 반대쪽은 진공을 이용하여 실행할 수 있고 헬륨 침지법(bombing)에서처럼 헬륨의 높은 외부압을 받는 밀봉제품은 진공상태로부터 헬륨의 외부누설을 검사하기 위해서 사용된다.

헬륨질량분석기는 압력, 열, 진동이나 충격으로부터 초래될 수 있는 누설효과를 연구하기 위한 환경적인 시험으로도 사용되어져 왔으며, 또한 밀봉제품이나 구조물의 용접 생산성을 위한 작동, 그리고 고정 제어계통에 있어서 사용된다.

마. 헬륨질량분석기의 특성

헬륨질량분석기는 혼합기체중의 헬륨농도를 측정하기 위해서 또는 혼합기체에 함유된 헬륨의 흐름지수(flow meter)를 측정하기 위해서 사용될 수 있다.

전체 압력이나 효과적인 펌프 스피드는 질량분석기가 작동되는 동안 일정한 양으로써 얻어질 수 있고, 누설검사 하는 동안에 질량분석기의 출력신호는 검지전극내의 전체 가스압에 관계없이 검지전극내의 헬륨 원자의 수에 직접적으로 비례한다(최대허용압력 이하로 작동될 때). 그런데 검지전극 내에 있는 헬륨원자의 수는 혼합기체 내에 존재하는 헬륨 원자의 농도에 대해 비례하고, 질량분석기 챔버 내의 혼합기체의 전체압력에 대해 비례한다. 다시 말해 질량분석기의 출력신호는 검지전극 내에 있는 헬륨 분압의 크기에 비례한다.

헬륨의 분압은 총기체압력에 비례한다. 최대 누설감도를 위해서 분석기의 검지 전극 내의 총 가스압력은 질량분석기 작동에 알맞은 약 25 ~ 40 mPa(2×10^{-4} ~ 3×10^{-4} torr) 정도의 최대 사용압력에 도달해야 한다.

질량분석기 검지 전극 내의 전체압력이 일정하다면, 질량분석기 굴절에 의해 지시된 출력신호는 헬륨의 분압에 비례한다.

이러한 헬륨 분압은 헬륨의 농도에 비례하므로 헬륨농도를 측정할 수 있다.

바. 헬륨농도 측정

질량분석기 검지전극내의 전체압력이 일정하다면 질량분석기 굴절에 의해 지시된 출력신호는 헬륨의 분압에 비례한다.

이러한 헬륨분압은 헬륨의 농도에 비례한다. 사실상 헬륨의 분압(P_{He})은 헬륨농도(C), 전압(P_t)와 비례한다.

$$\text{헬륨분압 } P_{He} = C\ P_t$$

P_{He} : 헬륨의 분압(P_a 또는 psi)

C : 체적에 대한 헬륨의 농도

P_t : 혼합기체의 전압(P_a 또는 psi)

사. 헬륨질량분석기의 작동원리

질량분석기는 축적된 추적가스로부터 양이온을 발생시키고 질량비에 따라 이온들을 분류하고 이론의 각 종류에 따라 연관된 양을 지시하고 기록한다.

질량분석기에서 특별한 종류의 이온전류는 전기적으로 검출되어지고, 신호는 기록이나 화면에 재현(display)되기 전에 전기적으로 증폭된다.

질량분석기의 우선적인 기능은 모든 이온전류를 검출하기 위해 충분한 감도를 갖고 있다는 것과 서로 다른 이온전류에 기인된 이온전류를 완벽하게 분리하고 분해할 수 있다는 것이다.

질량분석기의 일반적인 기능은 다음과 같다.

1) 시험품의 누설로부터 기기의 진공 챔버 내로 추적가스를 펌핑한다.
2) 전자충돌에 의해 가스분자를 이온화시킨다.
3) 질량비에 따라서 양이온을 규정하고 분류한다.

가열 텅스텐 또는 레늄(Re-75)필라멘트는 분석기의 진공 챔버 내로 펌핑되는 추적가스 분자들의 이온화를 위한 전극이다. 챔버 내에서 발생하는 활성 양이온은 정전기적으로 가속되고 가속필터로서 제공되는 자장영역을 통과하게 된다. 이런 자장 영역에서 추적가스의 이온들은 60°, 90°, 180° 등 다양한 형태의 각에 따라 굴절된다.

활성이온과 가속필터링의 조합은 질량에 따른 이온들의 분리를 제공하고, 분리 후 하나 또는 그 이상의 이온종류들은 분리 slit를 통과하고 검출기(전위계)에 연결된 타겟(taget) 위에 포집되며, 검출기로부터 전기적인 출력신호가 증폭되어지고 출력신호지시가 display 된다. 질량분석기의 작동을 위해 진공이 필요하기 때문에 분석기는 진공펌프를 내장하고 고진공 시스템으로서 내부에서 작동되어야 한다. 액체질소 trap, 오일확산펌프, 압력 조절 밸브 등이 진공펌프의 부속품으로 사용된다.

2. 헬륨질량분석기 누설시험의 종류

헬륨누설시험은 헬륨가스와 누설검출기를 이용하여 헬륨추적가스의 누설량과 누설위치를 검출하는 시험방법이다.

헬륨누설시험의 목적, 시험체의 특성, 시험체의 조건 등에 따라서 다양한 종류의 헬륨누설시험 기법을 선택하여 적용해야 한다.

헬륨누설시험기법의 선택방법은

1) 시험품의 특성(사용압력, 시험품의 크기, 형상 및 허용누설)에 따라서 적절한 시험방법을 선택해야한다.

2) 시험품의 조건(진공, 헬륨가압, 압력, 환경)에 따른 시험방법을 선택해야 한다.

누설시험방법 적용시 주의할 점은, 가스방출이 많은 시험체와 용적이 큰 시험체를 진공법을 이용하여 시험하는 경우, 보조 배기장치를 사용해야 한다. 배기해야 하는 가스의 양이 많을 때는 헬륨누설검출기만으로 배기할 수 없기 때문에, 충분한 배기속도의 진공펌프를 누설검출기와 일렬로 접속한다.

이 경우에는 시험체에 주입된 헬륨가스가 보조배기장치 쪽으로도 나누어 흐르기 때문에, 검출할 수 있는 최소누설량은 검출기만 사용할 때와 비교해서 커지게 된다. 또한 진공분무법으로 큰 용량의 시험체를 시험할 때는 응답시간이 길어지기 때문에, 헬륨가스를 분사한 위치와 검출기의 신호가 대응되지 않으므로 누설위치의 측정이 곤란하다. 이 경우 시스템의 상층부에 큰 배기속도의 고진공펌프(분산펌프, 확산펌프)를 설치한다.

가. 추적 프로브법(진공분무법)

이 방법은 그림 2-9에서와 같이 진공으로 된 시험체이나 시스템의 헬륨누설검사에서 가장 편리하게 이용되어진다.

추적프로브법은 고감도 누설검출기가 서로 다른 압력의 두 개 영역으로 분리되어 있으며, 작은 개구부의 고압측으로부터 유출하는 헬륨가스의 검출과 위치를 알 수 있으며, 아주 작은 누설을 찾는데 적당한 반정량적인 검출법이다. 질량분석기는 시험시스템과 보조진공펌프 사이의 일치점에서, 시험하에 있는 시스템의 내용적에 직접적으로 연결되어진다. 시험체가 진공 되어진 후 외부표면 또는 시험체의 관찰영역은 헬륨프로브로부터 미세한 제트분사에 의해 헬륨가스가 분사되어지고, 프로브는 압력조절기, 그리고 가압 헬륨가스탱크에 연결하여서 사용한다.

누설을 통과한 외부표면에 헬륨 추적가스를 분사시켜 시험체 내에 누설된 헬륨가스를 검출하여, 진공시스템으로 들어간 헬륨 추적가스는 질량분석기로 흡입되어지고 흡입된 헬륨은 가시조명이나 가청지시로 나타난다.

추적프로브법을 이용한 누설검사시 시험조건은 다음과 같다.

1) 헬륨가스가 대기의 위쪽으로 확산하기 쉽기 때문에 시험체의 상부에서 하부로 프로브의 진행을 유지시킨다.
2) 시험체의 밀봉부위를 유기재료로 사용한 경우 헬륨가스가 흡착하여 허위누설을 나타낼 수 있으므로, 헬륨가스를 분사 후 압축공기를 내뿜어 재료부분의 헬륨가스를

제거한다.

3) 헬륨가스의 축적이 없도록 환기시설을 설치한다.

4) 복잡한 형상의 시험체는 진공 후드법으로 한다.

5) 누설이 검출되는 경우 헬륨가스의 분무방향을 바꾸어 최대누설량을 측정한다.

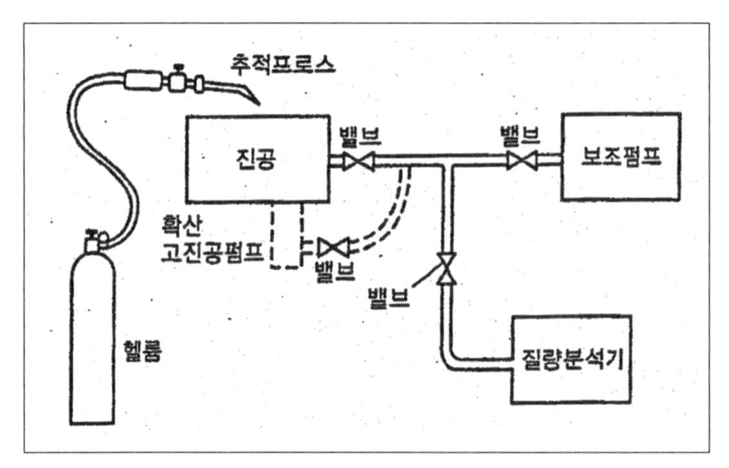

〔그림 2-11〕 추적프로브법(진공시스템)

나. 진공후드법

진공후드법은 고감도 누설검출기가 후드로 가려진 서로 다른 압력의 영역으로 분리되어 있다. 작은 개구부를 고압력측부터 유출하는 전 헬륨가스의 측정을 가능하게 하며 정량법이다.

어떤 누설이 존재한다면 헬륨이 시험 시스템으로 유입된 것이다. 시험체의 내용적은 진공펌프에 직접 연결되어져 있고, 누설검출기는 진공펌프에 연결되어져 있다. 따라서 후드에서 시험체 쪽으로 누설된 헬륨은 누설검출기로 검출되어진다.

이 시험은 시스템의 총누설량을 측정하기에 적절하다. rubber sheet, 플라스틱, 금속 후드 등의 재질이 밀봉을 위해서 사용되어지며, 후드 밀봉기법은 고감도의 검출능력 뿐만 아니라 조립 생산라인 등에 누설시험장치를 이동시켜 설치하기에 적당하다. 25 mPa (2×10^{-4} torr) 이하의 고진공 시험을 위해서 누설검출기는 보조 확산 펌프와 배기 펌프사이에 연결시켜야 한다.

확산펌프는 확산펌프와 배기펌프사이의 앞쪽라인에서 가스를 압축한다. 그래서 그 압력은 시험하의 진공 시스템에서보다 더 높아진다. 이것은 질량분석기 내로 흡입되는 헬륨가스의 분압을 증가시킨다.

진공후드법에서 응답시간과 세척시간을 결정하기 위한 많은 변수들이 있겠지만 시험체의 용적과 펌프의 실효 배기속도와의 관계를 이용하여 진공시스템에서의 실제 응답 시간을 알 수 있다.

$$T = \frac{V}{S}$$

T : 응답시간(s)

V : 시험체의 용적(㎥)

S : 펌프의 실효 배기속도(㎥/s)

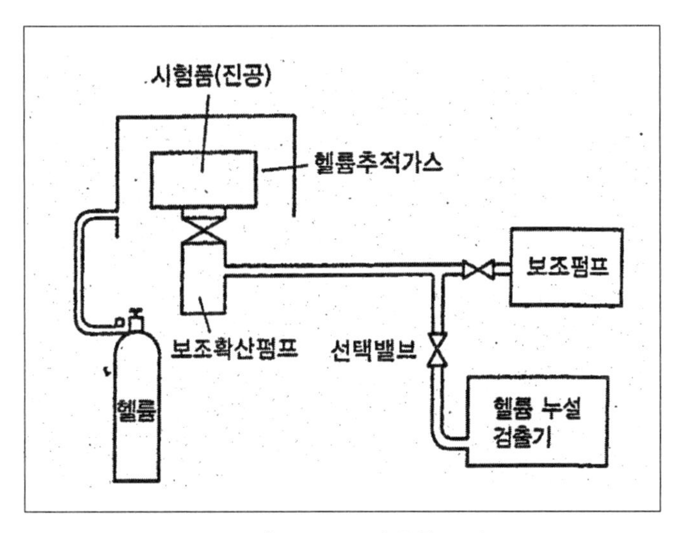

〔그림 2-12〕 진공후드법

다. 진공적분법

이 방법은 진공후드법과 형태에 있어서 비슷함을 갖고 있다. 진공적분법은 시험체 내를 진공으로 배기하고 헬륨가스를 넣고 봉한 후드(hood)로 시험품을 덮고 일정시간 경과 후, 시험체 내에 모인 헬륨가스를 검출하는 방법이다.

이 방법은 헬륨누설검출기가 내장하는 진공펌프의 배기를 막고 시험체에 대한 배기속도를 0으로 하며, 시험체에서의 아주 작은 누설을 헬륨 누설검출기 속에서 적분한 것으로 감도를 높여서 검출하는 방법이다.

라. 검출프로브법(가압법)

가압한 기기내의 미량의 헬륨가스를 검출하기 위한 방법이다. 누설기는 고감도로써 서로 다른 압력의 두 부분으로 분리 되어 있고, 매우 작은 개구부의 저압력측에서 유출하는 헬륨가스 또는 혼합가스 중 헬륨 성분을 검출, 판정을 한다. 이 방법도 비정량적인 방법이며, 시험시 일반적인 중요사항들은 다음과 같다.

① 헬륨 추적가스를 이용하여 가압한다. 추적가스 농도는 압력에서 체적으로 환산 했을 때 약 10%가 되게 한다.

② 호스의 길이는 15ft(457.2㎝)미만으로 사용한다.

③ 감도 기준은 최소 1×10^{-9} std ㎤/s이며, 시험시의 주사는 시험하는 시스템의 최하부부터 시작하여 차례로 위쪽 방향으로 이동하며, 주사거리는 시험표면과 1/8inch 이내를 유지한다.

④ 교정은 시험 시작 전·후, 또는 시험도중 2시간을 초과하지 않는 주기마다 행한다.

⑤ 최소 30분간 압력을 유지하며, 1×10^{-4} std ㎤/s 초과하는 누설이 검출되지 않는 경우를 합격으로 한다.

또한 이 방법은 다음과 같은 누설 위치를 찾는데 효과적이다.

① 대기압보다 높은 압력에서 누설검사를 실시하는 경우

② 모양이 복잡하여 시험개소를 피복할 수 없는 경우

③ 가압적분법에서 큰 누설이 있는 경우로써 그 누설위치를 찾는 경우 가압법의 예를 그림 2-13에 나타내었다.

기본적으로 헬륨 질량분석기는 진공 조건하의 누설 시험을 위해 설계되어졌다. 대기 중에서 누설 검사를 위해 스니퍼가 사용될 때 감도는 아래의 다양한 인자들로 인해 진공 누설검사 감도보다 훨씬 떨어질 것이다.

검출프로브법의 감도에 영향을 주는 인자는 다음과 같다.

① 검사자의 기량과 경험

② 시험 경계에서의 압력차

③ 시험체 내부에서의 헬륨 추적가스 농도

④ 스니퍼 프로브의 주사속도

⑤ 프로브와 시험품 표면과의 거리

⑥ 스니퍼 호스의 직경과 길이

⑦ 질량 분석기 검지 전극내의 압력

⑧ 큰 누설로 인한 공기 중 헬륨 추적가스의 오염
⑨ 주변 환경 : 강한 바람으로 인해 누설 부위에서 헬륨 추적가스의 확산

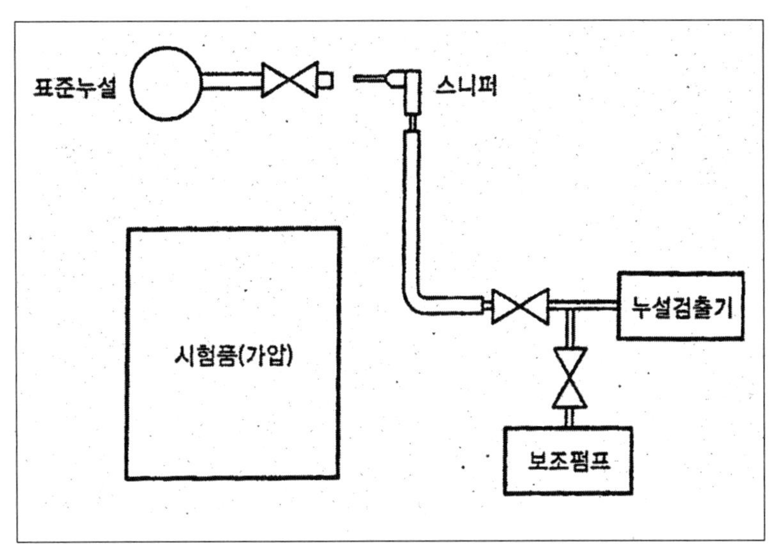

〔그림 2-13〕 검출프로브법

마. 가압적분법

가압적분법은 시험체 내에 헬륨가스를 넣고, 시험체의 일부 또는 전부를 후드로 덮어 시험체의 바깥쪽으로 누설되어 나오는 헬륨가스를 스니퍼 프로브로 흡입하는 누설을 검출하는 방법이다.

누설된 헬륨가스를 일정시간 모으고 농도를 올리는 방법이기 때문에 검출프로브법에 비해 적은 누설의 검출에 효과적이다. 또 대기압보다 높은 압력에서 높은 정밀도로 누설검사를 실시할 경우에 적당하다. 가압시에는 시험체의 파손, 폭발에 충분히 주의하고 특히 필요 이상으로 압력을 가하지 않아야 한다. 또한 가압 상태에서 인위적인 온도상승을 유발하지 않도록 주의를 기울인다.

바. 흡인법(suction cup)

흡인법은 시험체 내에 헬륨가스를 넣고 바깥쪽으로 누설된 헬륨가스를 시험체에 눌러댄 suction cup으로 흡입, 헬륨가스를 검출하는 시험이다. 이 방법은 대형 진공용기, 기타 압력용기 등의 제작과정이나 제품의 상황에 따라 전체를 진공이나 가압할 수 없을 때에 적

용하며 부분적인 진공으로 시험한다.

1) 대형 진공용기의 제조과정에서의 공정 중 확인검사

2) 국부적인 누설유무의 확인검사

사. 진공용기법(bell-Jar)

진공용기법은 시험체를 진공용기에 넣고 시험체의 내부(또는 외부)에 헬륨가스를 넣어 시험체의 외부(또는 내부)를 배기하여, 시험체의 외부(또는 내부)로 누설되는 헬륨가스를 검출하는 방법이다. 즉, 시험체를 진공용기(bell Jar)내에 위치해 놓고 그 바깥둘레를 배기 한다.

시험체 내부를 대기압 또는 그 이상으로 헬륨추적가스를 이용하여 가압하여 누설을 검출하는 방법으로 진공후드법과 같은 높은 검출감도를 얻을 수 있다. 다만, 누설위치를 알 수 없으므로 필요성이 있을 때는 다른 검사법과 병행할 수 있다.

진공용기법의 적용 부품은 다음과 같다.

① 가늘고 긴 관제품을 진공법으로는 컨덕턴스(conductance)가 작게 되어 높은 검출감도가 얻어지지 않을 때

② 제일 먼 곳에 부착된 교정 누설에서의 반웅이 수분이상 걸릴 때

③ 외부가 진공, 내부가 대기압에서 사용되는 제품일 때

④ 이중진공용기로 이 방법 이외에는 누설을 확인할 수 없을 때

⑤ 내부가 헬륨가스로 밀봉되어 있는 용기일 때

진공용기(bell Jar)는 시험체가 들어가고 나올 수 있는 크기를 가진 것으로 압력계, 교정누설 및 진공 배기 장치를 부착할 자리가 있고 누설검사에 의해 누설이 없는 것이 미리 확인된 것을 사용하여야 한다.

진공용기법은 전체 누설량을 위해 소형 진공단위로 시험할 때 헬륨누설검출기의 감도를 높일 수 있는 방법이다. 시험되어지는 제품은 헬륨 또는 헬륨과 혼합한 가스를 가압하여 충전되어진다. 그런 다음 누설검출에 연결된 보조펌프에 의해서 진공 되어지는 진공챔버 내에 시험체를 놓는다. 진공챔버 내로 헬륨이 누설된다면 즉시 검출된다.

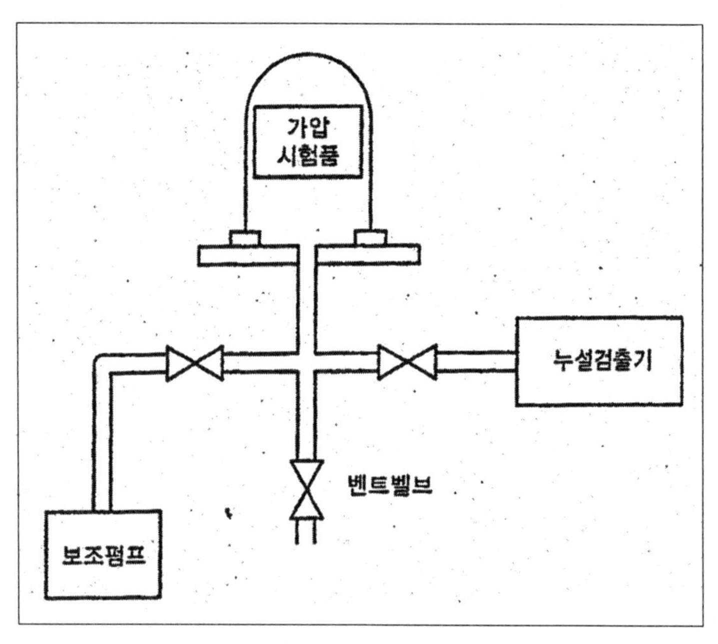

〔그림 2-14〕 진공용기법

아. 침지법

침지법은 시험체에 헬륨가스를 스며들게 한 후, 시험체의 바깥쪽을 배기하여 시험체의 바깥쪽으로 누설된 헬륨가스를 검출하는 방법이다. 이 방법은 내부 공간이 진공 또는 공기나 가스로 충전된 밀봉용기(예를 들면 직접회로, 수정 진동자동)의 기밀성을 판정하기 위한 것이다.

시험체를 가압탱크 내에서 헬륨가스로 일정시간 가압 방치한다. 그것을 꺼내어 진공챔버 내에서 시험체 바깥쪽을 진공 배기한다. 만약 시험체에 누설이 있으면, 가압시 어느 정도의 헬륨가스가 시험체 내부로 들어가서 이것이 진공 중에 외부로 나온다. 이것을 헬륨 누설검출기로 검출하여 누설을 발견한다.

가압하는 형태를 범빙(bombing)이라고 하므로 범빙(bombing)법이라고도 한다. 이 방법은 누설이 클 때 또는 가압이 끝나고 나서 진공으로 배기하기까지의 시간이 길면 누설이 있어도 검출할 수 없는 경우가 발생하므로 주의해야 한다.

제 4 절　압력변화시험

1. 압력변화시험의 원리

압력변화 누설검사는 추적가스를 따로 사용하지 않고, 압력계를 검출기로 써서 시간에 따른 압력변화를 측정하여 전체 누설을 알아내는 방법이다.

대형용기나 저장탱크에 적절한 방법으로써, 누설위치를 측정하기에는 적합하지 않다. 다른 방법에 비해 작업시간이 길어지는 단점도 있지만, 압력계로 측정이 가능하고 특별한 추적가스가 필요치 않다.

압력변화시험으로 시험시 일반적인 중요사항은 다음과 같다.

① 시험체를 가압 또는 감압하고 일정 시간 경과한 후, 압력변화에 따른 누설량을 측정한다.

② 초기온도와 압력을 측정하고, 규정된 시험지속시간이 끝날 때까지 60분을 초과하지 않는 규칙적인 주기마다 측정한다.

③ 수압시험의 압력 유지 시간은 30분 이상으로 하며 내압시험의 압력 유지 시간은 10~0분 사이에 시험한다.

압력변화시험은 크게 가압법과 감압법으로 나눌 수 있다.

① 가압법 : 시험체 내를 기체를 이용하여 가압하고 시험체 내부로부터 외부로 누설되는 기체에 의해 압력이 변화하는 상태를 압력계로 측정하는 방법이다.

② 감압법 : 시험체 내부를 감압하고 시험체의 외부로부터 누설되는 기체에 의해 시험하며, 시험체의 압력이 대기의 압력보다 100 ~ 760 ㎜Hg의 압력차가 있는 상태에서 시험한다. 하지만, 완전진공으로 시험을 한다면 시스템에 큰 무리가 따르고 위험성을 갖게 된다.

가. 가압기체

공기와 질소가 누설시험과 누설량 측정에 있어서 일반적인 가압 유체로서 사용되어지며 압력경계 부위에서 압력 차이를 발생시키기 위해 제공 되어 진다. 바꾸어 말해서, 이런 압력차이는 구조물의 경계부위에 있어서 누설을 통한 가압기체의 흐름이 존재한다는 것을 나타낸다.

누설은 용접부위, 재질외벽, 조인트 부분에 존재되어지는 물리적인 홀 또는 관통경로이다. 유체는 누설량을 선정할 수 있는 누설경로를 통한 흐름을 나타내며, 누설량이 커진다면 누설 감도도 증가될 것이고, 누설량의 측정효과를 증진시킬 수 있다.

대기압(101.3 ㎪) 이상의 공기나 기타 기체압으로 밀봉되는 시스템은 압력변화에 의해서 누설량을 측정할 수 있다. 이때, 시험품의 내용적, 유체온도 등을 적절하게 측정할 수 있어야 하며, 가압기체의 물리적인 성질과 특성을 알고 있어야 한다. 다양한 시험조건을 위한 유체 반응의 효과는 누설량 측정을 위해서 확실하게 규정해야 한다.

압력변화시험에 사용되는 가압기체는 이상 기체법칙을 따르는 것으로 간주한다.

나. 유체(기체상, 액상)의 압축률

기체상은 압축성이 있는 것으로 간주되고 액상은 비압축성으로 간주되는데 엄밀히 말해서 모든 유체는 어느 범위까지는 압축성을 갖는다. 비록 공기가 압축성 유체로 간주될지라도 흐름에 대한 압력 그리고 강도변화가 너무 작아 비압축성으로 간주되어질 수도 있다. 예를 들어, 환기시스템의 공기흐름, 낮은 속도에서 항공기 주변공기의 흐름 등이다.

오일이나 물과 같은 액상은 대부분의 경우 비압축성으로 고려되어진다. 다른 경우에 있어서 그러한 액상의 압축성은 중요한 요소가 될 수 있는데 예를 들어, 물과 다른 액상을 통과하는 음파의 진행을 나타낼 때, 그러한 압축파는 압축성과 액상의 탄성도에 의존한다.

가장 우수한 압력 측정기기는 정하중 시험기(dead weight tester)이다. 이것은 다른 압력 측정기기의 교정을 위해서도 일반적으로 사용되며, 물 또는 수은기압계(manomater)는 압력게이지와 기기들의 교정, 그리고 시험측정 장치로 사용되어진다.

기타 압력 측정기기로 전위차계, 콘덴서, 자기저항기 등에 있어서 사용되는 빠른 전기적 응답신호를 갖는 버돈게이지, 선형 저항변형 게이지인 압전 압력게이지, 압력에 대한 디지털 출력신호를 갖는 전자게이지 등이 있다.

1) 정하중 시험기(dead weight tester)

정하중 피스톤 게이지는 압력측정을 위한 교정표준을 설정해 준다. 압력 또는 단위면적당 힘은 실린더의 설정지역에서의 일정무게에 의해서 제공되어진다. 측정되어지는 유압은 무게를 들어올릴 수 있는 충분한 힘을 갖는 피스톤의 일부분에 대한 값이다. 이 측정기기의 중요한 두 가지 요소는 사용 전 무게와 피스콘 실린더 구조물의 면적이 된다. 정하중 피스톤게이지는 크게 세 종류로 구별된다.

① 단순 피스톤 압력게이지

② 제어-해제 피스톤 압력게이지

③ 요각 피스톤게이지(reen trant piston gauge)

가장 일반적으로 사용되는 것은 단순 피스톤 압력게이지이다. 제어-해제 피스톤 압력게이지는 실린더 압력으로 인한 실린더의 변형에 의해서 발생되는 오류 등을 감소시키며, 린트렌트 게이지는 단순게이지와 제어-해제 게이지를 함축한 것이다.

2) 압력계(manometer)

마노미터는 액상원주 무게를 이용 수기압을 비교 측정하는 기기이다. 측정되어 지는 압력의 정밀도는

① 유체원주의 무게의 편향

② 관찰되어지는 원주의 높이 등에 의존한다.

기본적인 "U" 자 관 마노미터에 있어서 "U" 자 관의 양끝이 대기 중에 노출되어 있다면 각 위치에서 같은 압력을 나타내기 위해 유동한다. 그런 후에 "U" 자 관의 한쪽 부분에 있는 액상의 원주는 다른 쪽의 액상 원주와 정확하게 균형을 맞출 것이다. 두 원주의 표면은 같은 준위로 되는데, 마노미터의 한쪽이 다른쪽보다 높은 압력을 받는다면 두 액상의 원주높이는 달라질 것이다. 따라서, 원주 높이의 차이는 두 액상 원주의 위 부분에 적용된 압력차이의 비율이다.

관의 두 원주높이의 차이는 양쪽의 유리관의 직경이 같든지, 액체높이에 영향을 주는 표면 장력에 관계된 모세관 현상이 발생할 수 있는 직경보다는 큰, 보다 작은 직경의 관처럼 서로 다른 직경을 갖든지, 정확하게 같은 차이를 나타낸다.

수은기압계(mercury barometer)는 진공압력이 작용되는 밀봉된 바로미터튜브의 절대압력을 측정하는 마노미터이다. 마노미터로 압력을 측정할 대 "U" 자 관 원주높이의 차이는 "U" 자 관의 양쪽에 적용되는 외부압력 뿐만 아니라 "U" 자 관 내부의 액체의 비중에 의해서 영향을 받는다. 예를 들어, 유체로서 사용되는 오일, 물, 수은에 따라 세 가지 형태의 "U" 자 관 마노미터가 있다.

유체원주높이의 하나는 같은 압력이 적용될 때 이들 마노미터에 따라 다르게 될 것이다. 원주높이의 가장 큰 차이는 낮은 비중의 오일을 사용할 때 나타나고, 그 다음은 물, 수은주의 순서가 된다. 대략적인 원주높이 차이의 비율은 오일 : 물 : 수은주가 17 : 14 : 1 정도이다.

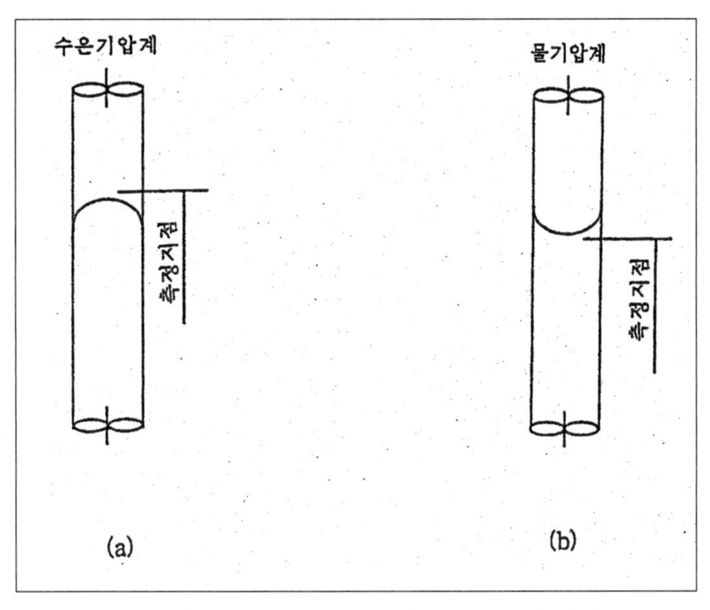

〔그림 2-15〕 물과 수은기압계의 측정지점

3) 정밀 수정압력계

수정압력계(quartz manometer)는 압력차이가 발생할 때 회전하는 나선형 버돈튜브에 의해서 압력을 측정한다. 수정은 완전한 탄성재질이고, 압력측정 진동자는 열팽창을 방지하고 열적 특성의 장점을 보호할 수 있도록 조립되어 있다.

측정을 준비할 대 교정온도와 작동온도와의 일치를 위해 수정의 온도를 정확하게 모니터링 할 수 있는 온도계를 준비해야 하는데 절대압력을 측정하는 수정마노미터에 있어서 버돈튜브는 약 0.1 Pa(1 μHg)의 절대압력으로 영구적인 진공상태에 있다.

측정할 수 있는 변화된 압력은 버돈튜브의 밀봉된 유리체적에 의해서 알 수 있다.

용융수정(fused quartz)은 경도가 증가함에 따라 온도가 증가되므로 열적탄성에 있어서 양의 값을 갖는다.

나선형의 굴절 각도는 수정온도가 1℃증가함에 따라 0.014℃씩 감소하게 된다. 수정튜브의 온도는 센서가 내장되어 있는 수은온도계로서 측정되어질 수 있다. 수정센서의 온도는 50℃까지 제어될 수가 있고 20~30℃ 사이에서 작동될 때, 최적의 정밀도를 갖는다.

수정버돈튜브 검지 캡슐은 사파이어 창을 가진 알루미늄 외부실린더로 되어 있고 3.5 ㎫(500 psi)까지의 압력을 관찰할 수 있다. 20 ㎫(3000 psi)의 높은 압력측정에 사용되는 캡슐은 외부실린더가 스테인레스 스틸로 되어 있다.

다. 표면온도 측정

내부공기 온도를 측정하기 어려운 누설시험에서 작은 용적시스템을 위해서 그림 2-16과 같은 표면온도계가 사용되어질 수 있다.

온도측정은 허용압력변화의 크기, 압력시험 시간에 영향을 줄 수 있는 어떠한 온도변화에 있어서도 압력변화 시험 중에 이루어져야 한다. 표면온도계는 정확한 온도측정을 위해 표면에 밀착되어야 한다.

테이프, 자석, 클램프 등과 같은 적절한 방법이 표면온도 측정을 위해 시험표면과 온도계 사이를 밀착 또는 밀봉시킨다. 절차서와 시험 기록서에는 시험기간 중에 사용된 표면온도계의 위치와 수량을 규정해야 하며, 온도계는 정확성을 위해서 정기적으로 교정해야 한다.

1) 표면온도계 설계

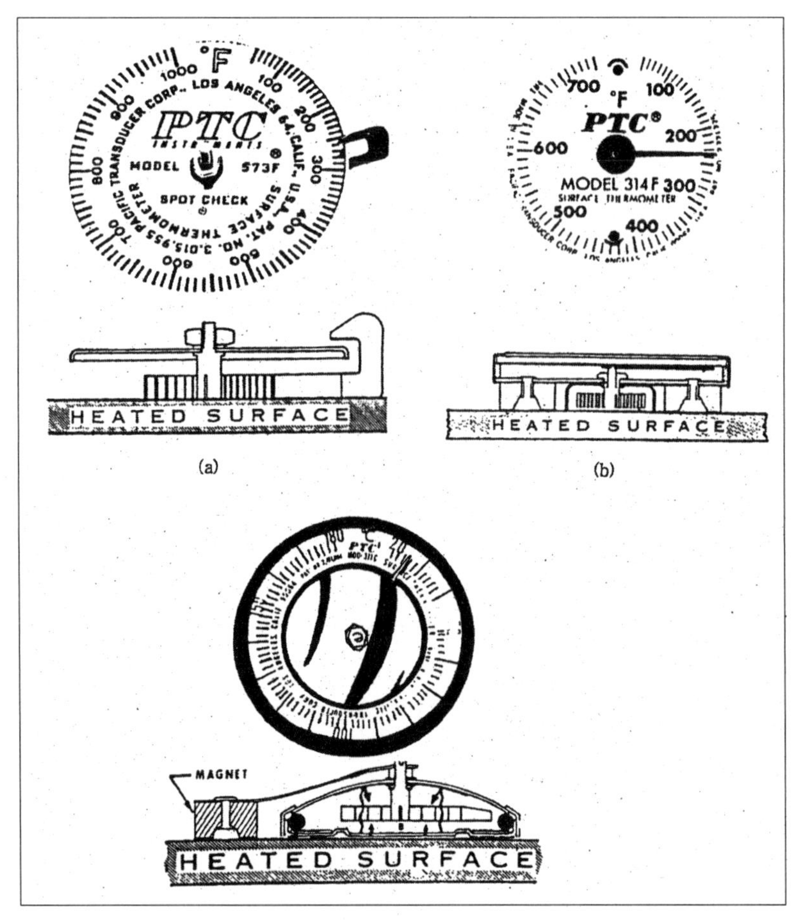

〔그림 2-16〕 표면온도계의 사용 예

크기가 작고 무게가 가벼운 표면온도계는 0~300℃ 범위의 온도를 측정할 수 있고 최대범위에서 ±2%의 편차를 갖는다.

수평 또는 가벼운 표면접속을 위해서 설계된 기본적인 온도계는 그림 2-16(a)에 나타나 있다. 기기에 내장된 바이메탈 코일이 직접, 표면온도를 측정하는데 센서의 바이메탈 코일은 온도변화에 응답하기 위해 팽창하거나 접촉하게 되며 다이얼 자체가 움직이게 된다(회전한다). 그림 2-16(b)는 Cover glass, 교정된 다이얼 지시기, 바이메탈 열검지 적극을 포함하는 자석등, 주요 세 부분으로 된 표면온도계 형태이다. 이 온도계는 검지전극이 표면에 직접 접촉되므로 3분 안에 최고범위에 도달할 수 있는 빠른 응답을 갖는다.

그림 2-16(c)는 복사열 효과와 열전도에 의해서 표면온도를 측정하는 온도계이다. 센서를 외부의 복사열로부터 보호하기 위해서 높은 반사율을 갖는 거울을 이용한다. 이러한 보호장치가 보다 더 정확한 온도를 측정할 수 있도록 해주며 기기는 대기부식을 방지하기 위해 밀봉되어 있다. 최대범위에서 정확도는 ±2%의 편차를 갖는다.

2) 건구온도 측정(dry - bulb temperature)

건구온도를 측정하기 위하여 저항온도계가 사용되며 대형구조물의 압력변화시험에 있어서 일반적으로 사용되는 온도센서는 최소의 기계적 변형을 위해 열처리하고 나선형으로 감겨져 있으며 동선의 온도감지 요소가 내장되어 있는 100 Ω의 구리 열저항 검출기이다. 이런 구조는 온도 검출기의 범위 내에서 각 온도의 한정된 저항값을 제공한다. 반복적인 측정의 정확성과 안정성은 누설계산에 있어서 데이터를 분석할 때 유익하며, 온도변화의 90%에 대한 동선온도 검출기의 응답시간은 약 40초이고 온도계의 허용차 범위는 0~120℃의 범위에서 ±0.03℃이다.

일반적으로 저항온도계의 적정한 수량은 중요한 용적물의 내부온도를 알기 위해서 누설시험 하는 동안 구조물의 크기에 따라 결정되어진다. 선정된 검출기 수량은 함유된 자유공기체적의 기능, 시험 하에서 시스템의 배치의 기능을 하고, 하나 또는 그 이상의 온도센서 상태가 고르지 못하다면 정확한 함유 공기온도를 측정하기 위해 여분의 검출기가 요구되어진다.

각각의 온도센서는 시험 하에서 총체적의 기본이 되는 부분의 체적단위로 지정되어진다. 각 온도 센서의 온도 값은 압력변화 시험하는 동안 압력계의 기록과 함께 기록되어지는데, 이런 온도의 데이터들은 단위체적에 따라 증가되고 시험품 체적내의 평균 공기온도는 온도변화에 따른 압력을 나타내기 위해 평가된다.

3) 이슬점(dew point) 온도 측정

이슬점온도는 압력변화시험을 하는 시험용적 내부공기에 존재하는 수증기의 양을 직접 지시한다. 만일 온도가 이슬점온도로 감소된다면 습기는 고상 표면에 응축할 것이고 함유기체로부터 일시적으로 제거되어진다. 함유공기에서 습기의 증발에 기인된 증기압은 누설율 시험에 사용되는 압력 측정기기에 의해서 전압측정을 위해 더해준다. 두 가지 형태의 이슬점온도 측정기가 사용되는데, 열전자 냉각 장치가 설치된 저항센서와 산화알미늄 콘덴서 타입 센서이다.

① 산화알미늄 콘덴서 센서

② 저항 센서

4) 이슬점 온도와 수증기압의 영향

압력변화나 유동을 누설시험(flow-rate leak test)에 의한 누설량을 측정하기 위해 시험시스템이 가압 되는 동안 수증기의 분압은 함유된 공기의 전압에 비례해서 증가되어진다. 그런 이유로 습도와 관련된 이슬점은 가압하는 동안에 증가되기때문에 가압하는 동안 에어드라이어를 사용하는 것이 권고되어진다.

만일 핵 원자로 같은 대형시스템이 시험되어진다면, 그리고 환기시스템을 위해 냉각코일이 사용된다면 이 냉각시스템은 가압 동안에 이슬점온도의 증가를 최소로 하기 위해 사용된다.

누설시험 하는 동안 이슬점온도의 변화되는 경향을 알기 위해 항상 모니터링 해야 하며 시간에 따라 이슬점온도의 변화율의 급격한 변화는 액체(물) 누설의 발생을 지시하는 것이다.

5) 기체압력(전압, 수증기압)

압력변화시험에 사용되는 공기, 질소, 기타 다른 가압 기체는 압력, 온도, 체적과 관련된 이상기체법칙을 만족해야 하는데 가압 기체에 포한된 수증기는 이상기체법칙을 따르지 않는다. 누설시험동안 측정된 전 기체압과 같아지도록 이상기체압 쪽에 수증기의 분압을 더해준다. 실제 기체누설율의 정확한 평가를 의해 수증기의 분압 P_v와 전압 P를 이용, 실제기체압력 P_g를 구할 수 있다.

$$P_g = P - P_v$$

라. 누설량 계산

시험시간이 짧고 시험도중 온도변화가 없었다면 시험은 오직 게이지 압력 측정만이 요구되어지고 그 양을 가지고 누설량(율)을 계산할 수 있다.

$$Q = \Delta P/\Delta t = (P_1 - P_2)/\Delta t$$

2. 압력변화시험의 특성

가. 압력변화시험의 장점

① 대형 압력 용기나 체적을 갖는 시스템일지라도 압력게이지를 이용하며 누설검사를 할 수 있다.

② 특별한 추적가스가 필요치 않다.

나. 압력변화시험의 단점

① 시험시간이 보다 길어진다.

② 보조기법을 사용하지 않는다면 누설위치를 찾을 수 없다.

시험체 체적의 경계를 통해서 필요한 압력차이를 얻을 수 있는 시스템이라면 어떤 체적이라도 압력변화시험이 가능하다.

3. 압력변화시험의 종류

가. 가압법

1) 가압법의 원리

밀봉체적에서 압력변화 측정에 의한 가압 누설검사는 시험 시스템이 주위 대기압 보다 높은 압력상태이어야 한다. 압력변화시험에서 시험시스템은 진공으로 하거나 가압하여 수행하는데, 누설량 Q는 압력의 변화량과 시험체의 내용적, 시험시간의 변화량을 이용하여 얻을 수 있다.

$$Q = V(\triangle P/\triangle t)$$

누설량에 관계된 위의 식은 1장에 자세히 설명하였다. 압력변화시험 절차는 대형시스템의 누설측정을 위해 우선적으로 사용되며, 약간의 변형이 가능하다면 압력변화시험은 시험체의 크기에 관계없이 누설량을 측정할 수 있다. 이 시험법은 오직 누설량의 측정에만 사용되어지고, 누설위치 판별에는 적절하지 못하다.

2) 감도

가압법에서의 감도는 압력변화량의 최소 검출크기를 나타낸다. 정적압력은 누설시험하는 동안 초기, 시험도중, 마지막에 측정되어지며 이러한 정적 누설감도는 시험시간, 압력측정기기의 정확성과 감도 등에 크게 의존한다. 온도변화나 탈기체(outgassing)의 영향이 없고 시험시간이 충분히 길다면, 보다 우수한 감도를 얻을 수 있다.

가압법에서 측정 누설량의 정확성은 압력과 온도의 변화를 정확히 측정할 수 있도록 시험체의 내용적을 미리 계산해야 한다. 만일 누설량이 단위시간당 전체 내부유체 손실의 퍼센트로서 측정되어진다면 내용적의 계산은 필요 없을 것이다.

3) 가압법에서의 오류

가압법에서는 시스템을 충진시킬 기체와, 압력 감소를 관찰할 수 있는 장치로 구성되어 있다. 가압법에서 오류를 발생시키는 원인 두 가지를 들면, 시험체의 체적과 온도 변화가 있다.

대형 또는 복잡한 시스템에서 시험체의 체적을 계산하기란 대단히 어렵다. 이때에는 '검증시험' 또는 '확인검사(proof test)'라 불리는 기준 용기법으로 측정되어질 수 있다. 두 번째 오류의 근원은 다양한 압력변화로 인한 온도변화와 관계가 있다. 온도에 따른 오류는 시험 중에 시스템 온도측정에 의해서 교정되어질 수 있다.

나. 감압법(진공법)

일반적인 진공의 상한 값은 대기압이 된다. 표준 대기압(101 ㎪)보다 적은 어떠한 압력도 진공의 근원을 나타낸다. 지표면에서 진공압력의 크기는 절대압력 '0' 과 특별한 위치, 시간에서 기압게이지로서 나타난다.

진공압력은 대기압 이하의 inHg나 ㎜Hg로 나타내었다. 대기압을 기준으로 28 또는 29[inHg]의 압력 감소는 우수한 진공상태라 할 수 있다.

SI 단위로서 진공의 압력을 나타낼 때는 3~6 [㎪]의 절대압력이 기준이 된다.(대기압 101 ㎪의 3~6%)

1) 절대압력(진공압력)

진공의 개념은 지표면의 대기에 가해지는 압력과 관계가 있다. 대기압은 해수면 이상의 특별한 위치에서 단위면적당 가해지는 대기의 무게이다. 고도가 증가할수록 압력은 절대압력이 '0' 이 될 때까지 즉, 진공이 될 때까지 점진적으로 감소할 것이다.
만일 밀봉상태에서 내부압력이 대기압보다 작다면 진공상태라고 얘기할 수 있다. 대기압은 기상조건이나 고도에 따라 변하기 때문에 진공에서 게이지값은 표준조건(절대압력 101(㎪)하의 절대압력을 기준으로 하며, 절대압력에 비례하여 진공의 정도도 증대되어야 한다. 완전진공은 절대압력이 '0' 이 되는 시기를 말하는데 실제 완전진공은 있을 수 없다.

2) 진공압력의 특성

용기가 진공화되는 동안 기체입자는 펌핑 공정에 의해서 점진적으로 제거되어진다. 그러므로 결국 절대압력 '0' 이 얻어질 수 있는 것이다. 누설은 시스템에 사용된 밀봉재의 변형 또는 진공챔버의 벽, 용접부위의 기공, hole을 통해 보다 높은 외부압력에 의한 기체분자의 이동을 뜻한다. 탈기체(outgassing)은 진공시스템의 재질로부터 발생되는 기체의 모든 형태를 말한다. 이것은 표면에서 흡수되고 재질에 흡착하는 기체들을 포함한다. 따라서 이러한 요인들로부터 진공시스템의 최종압력에서 기체의 계속적인 발생이 나타날 수 있는 단점이 된다.

최종압력 $P_u = Q/S$ 가 된다
Q : 기체 유입량
S : 펌프 속도

적은 용적의 시스템을 누설검사할 때 진공압력을 상승시키는 것은 그다지 어렵지 않다. 시스템의 크기나 체적이 감소될 때 누설감도는 증가될 수 있다. 단위시간당 압력상승의 값으로서 측정되어지는 총 누설율은 체적이 작을수록 적은 비율을 나타낸다. 이 시험 기술은 누설 시험되는 시스템의 형태나 크기에 의존하는 이전의 다른 누설검사의 예비시험이나 최종시험에서 사용될 수 있다. 누설율의 크기는 진공이 가능한 시스템의 총 누설율에 따라서 결정되어진다.
시험되어지는 시스템의 크기나 체적이 증가될 때 압력상승에 의한 누설의 감도는 감소된다. 이와 같은 방법에 의해 큰 체적의 시스템이 검사되어질 수 있다면 보다 큰 누설율이 존재해야만 하고, 누설위치는 이 방법으로 측정되어질 수 없다. 실제 총 누설율이 허용값을 초과한다면, 누설의 원인이 되는 다수의 미세 누설이나 누설위치를 찾기 위해 다른 누설시험방법을 사용해야만 한다.

허용값을 초과하는 누설율이 나타나는 진공으로 된 이중벽용기의 압력상승 시험에서는 내부용기의 누설인지, 외부용기의 누설인지, 또는 양쪽의 조합된 누설인지 알 수가 없을 것이다. 증기의 영향으로 인해 이상기체를 위한 일반 기체법칙을 따를 수 없기 때문에, 누설시험 기간 동안 광범위한 온도변화에 노출된 대형 시스템에서 단위시간당 정확한 실제 기체압력상승을 결정하기는 어렵다.

누설감도를 증가시키기 위해 진공용기내의 절대압력을 감소시키는 것은 진공펌프 시스템의 한계 때문에 실행하기가 어렵다. 따라서 단위시간당 극소량의 압력상승을 측정할 수 있을 때 누설시험기간을 연장시켜 누설감도를 증가시키는 것은 가격상승이나 시험완료를 더욱 어렵게 하고 비현실성이 증가된다.

4. 누설감도에 영향을 주는 인자

다음의 내용들이 압력상승기법에서 누설감도에 영향을 준다.

1) 압력변화의 최소량 측정 기술

 : 절대압력은 시험이 수행될 때 진공시스템 내에서 얻어진다.

2) 시스템의 내부체적

3) 시험시간

4) 대기온도와 기후조건

5) 내부표면적과 시스템의 청결도

가. 절대압력 변화량 측정기술

대형시스템에 있어서 진공누설시험이 10 ~ 10^{-3}Pa(10^{-1} ~ 10^{-5}mmHg)의 절대압력범위에서 수행될 때 압력이 낮을 수록 보다 큰 누설감도를 얻을 수 있다. 압력이 높다면, 대형용기의 누설로부터 매우 적은 압력변화를 측정하기란 어려운 일이다.

낮은 압력 쪽은 탈기체(outgassing)로 인해 압력변화율이 상승하게 된다. 이러한 매우 낮은 절대압력에서 실제누설에 기인된 압력상승을 탈기체에 의한 압력상승과 비교할 때 적은 비율을 나타낸다. 이러한 이유로 실제누설에 기인된 압력상승의 실비율을 결정하기가 어렵다.

나. 시험품 체적

시험감도, 즉 압력상승 비율은 진공시스템의 크기나 체적에 반비례한다. 예를 들어 570㎥

에 체적에서 5×10-3 Pa · ㎥/s의 누설율을 가진다면 하루에 0.8 Pa(5.8μmHg)의 압력상승이 있지만 0.3㎥의 체적일 때는 1500 Pa(11.6mmHg)의 압력상승 값을 갖는다.

다. 시험시간

누설시험감도는 시험시간이 길어질수록 증가한다(비례관계). 절대압력 P, 체적 V, 시험시간 t 등 세 변수를 가지고 누설율을 측정해 보면 알 수 있다.

$$Q = (P_2 - P_1)V / t$$

라. 대기온도, 기상조건

진공시스템에서 압력상승은 햇빛에 직접적인 노출이 커질수록, 대기온도 변화가 클수록 정확한 값을 얻기가 어렵다.

온도변화는 시스템 내에서 압력변화의 영향 또는 시스템내의 증기의 응축 또는 탈기체 비율의 효과를 조절하기 어렵게 한다.

마. 내부표면적과 시스템의 청결도

진공시스템에 있어서 내부표면적이 작을수록, 표면이 깨끗할수록, 시스템 내에서 탈기체가 작아진다. 이것은 온도변화에 기인된 탈기체로부터 압력변화효과를 감소시킨다.

5. 진공법에 사용되는 게이지

진공상태를 만드는 것만큼 중요한 것이 압력측정값을 나타내는 게이지의 성능이다. 대기압에서 10μPa(10-7torr)의 범위를 갖는 다양한 종류의 상업용 게이지가 이용되어 왔다.

고압력 영역에서 게이지는 기체에 의해 실제 가해진 힘을 나타내기 위해 사용된다. 저압력 영역에서는 열전도 또는 이온화 게이지 같은 기체의 특별한 성분이 압력측정을 위해 사용되어진다. 일반적으로 게이지는 mPa, μPa 또는 torr, μHg 같은 단위로 교정되어진다.

(1) 기압게이지 : 기체에 의해 적용된 실제 힘을 측정

① 수은 또는 오일 마노미터

② 멕리오드(mcleod)게이지

③ 버돈게이지(bourdon)게이지

④ 다이아프렘(diaphragm)게이지

(2) 열전도게이지 : 압력변화에 따른 열전도율 측정

① 피라니(pirani)게이지

② 열전대(thermocouple)게이지

(3) 이온화게이지 : 기체의 이온화를 이용하여 전기적 전류측정

① 열전자(thermiomic)이온화게이지

② 냉 음극(cold-cathode)게이지

③ 알파트론(alphatron)게이지

6. 흐름률(flow rate) 측정법

가. 흐름률 측정원리

흐름률 측정법은 시스템이나 제품의 내 외부로 흐르는 기체의 흐름률을 측정함으로써 누설의 크기를 결정하는 방법이다. 흐름률은 고정된 시스템 압력이나 압력변화율을 비교할 수 있는 유압계(flowmeter)를 이용하여 측정 할 수 있는데 흐름률 측정 누설시험은 대략 두 가지 방법으로 나눌 수 있다.

1) 배기된 기체의 체적이나 기체흐름률의 측정과 관찰

2) 압력의 변화량이나 압력에 의존하는 시스템의 가압이나 진공 중에 펌핑가스의 영향 분석을 이용한 관찰기법으로 누설시험 할 때 누설량이 측정되어진다.

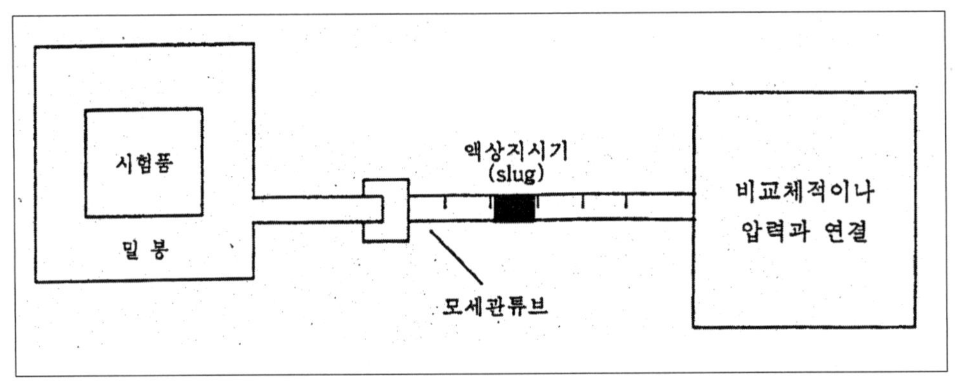

〔그림 2-17〕 흐름율 측정원리

시스템은 가압이나 진공으로 되어지고 밀봉된 진공상자 내에 놓여질 수 있다. 밀봉된 체적은 압력을 조절하기 위해 유압계를 통해서 연결되어져 있다. 기체는 밀봉된 시스템의 내 외부로 누설이 있을 때 전달되는데, 기체의 전달(이동)은 누설기체가 축적되어지는 모세관 튜브에서 액체의 움직임을 지시하는 기기인 유압계(flowmeter)에 의해서 측정되어진다. 어떠한 경우라도 비교 또는 기준압력은 대기압이 된다. 그림 2-17 누설량을 알기 위해 유동 지시기를 사용하는 누설검사 시스템을 나타낸 것이다.

나. 펌핑기법

1) 진공

진공으로 된 시스템 누설검사의 펌핑 기법에 있어서 시스템은 진공펌프에 의해서 진공화 되어 지고, 펌프되는 동안 감소된 시스템의 압력율은 누설이 없는 시스템의 펌핑 동안에 감소되는 압력율과 비교되어진다.

누설검사 절차의 선택에 있어서 밀봉상자는 진공이 되어 지고, 진공펌프와 같은 압력 평형에 도달하게 된다. 평형상태를 얻기 위해 배기 되어지는 기체의 비율은 밀봉 상자 내에 있는 시험품 체적으로부터의 누설량을 결정하기 위해 측정되어진다.

2) 가압

누설량을 측정하기 위한 펌핑기법의 선택에서 시험품은 가압되어 지고 컴프레셔는 시스템의 압력을 일정하고 충분하게 유지하기 위해서 작동된다. 누설량은 펌프속도, 용량과 압축기의 작동시간으로부터 계산되어질 수 있다.

다. 감도

흐름율 측정법의 감도는 동일체적에서 많은 다른 누설시험방법과 비교할 때 낮다. 대부분의 경우 누설감도는 흐름율 측정에 사용된 기기와 시험품의 체적에 의존한다.

보통 10^{-3} ~ 10^{-5}Pa · m³/s의 누설을 검출할 수 있다. 펌프 압력 분석기법에 의한 누설감도는 펌프의 크기 즉, 펌프속도에 의존한다. 진공으로 된 시험품 임에도 불구하고 누설감도는 측정되어지는 시스템 내의 탈가스(Outgassing)에 결정적으로 의존한다.

라. 흐름률 측정법의 특성

이 방법은 대형 시험품에 적용하기에 좋은 방법으로서 누설량은 측정할 수는 있지만 누설

위치를 찾기에는 부적당하고, 소형 밀봉제품의 총 누설량을 측정하는데 사용하기도 한다. 가압, 진공 가능한 시스템, 대형 밀봉 시험품 등의 총 누설량을 측정하는데 사용할 수 있다.

1) 주요장점

① 특별한 추적가스가 필요하지 않다.
시험되어지는 시스템 내에 존재하는 유체가 무엇이든지 적용 가능하다.
누설시험을 위한 특별한 환경조성도 필요치 않다.

② 장비의 가격이 저렴하다.

③ 전체 누설량 측정감도는 시스템의 체적과 무관하다.

④ 누설율은 교정 없이 측정되어질 수 있다. 단, 누설 측정의 정확성은 다른 방법과 비교하여 그다지 좋지 않다.

⑤ 교정이 요구될 때 표준유동을 가지고 쉽게 얻을 수 있다.

2) 주요단점

① 시험감도가 낮다.

② 넓은 범위의 인지도를 얻을 수 없다.

【익 힘 문 제】

1. 기포누설시험의 원리는?

2. 기포누설시험의 대표적인 방법을 세가지 열거하시오.

3. 기포누설시험에서 발생할 수 있는 오류는?

4. 기포누설시험에서 사용하는 발포액의 구비조건은?

5. 할로겐 누설시험의 세가지 형태는?

6. 가열양극법의 원리를 설명하시오.

7. 헬륨질량분석기 누설시험의 원리는?

8. 헬륨질량분석기 시험의 기본적인 검사형태 세가지는?

9. 압력변화시험의 장단점은?

10. 압력변화시험에서 누설감도에 영향을 주는 인자는?

제 3 장 기타 누설시험 방법

제 1 절 암모니아 누설시험

1. 적용원리

시험체 용기에 암모니아를 포함하고 있는 가스를 넣고 시험체 표면에 도포한 암모니아 검지제(brome phenol blue)가 누설되는 암모니아와 반응해서 황색에서 청자색으로 변화할 때, 그 변색된 부분의 직경을 관찰하여 누설위치와 누설량을 검지하는 방법이다. 이 방법은 감도가 높아 대형용기의 누설을 단시간에 검지할 수 있고, 암모니아 가스의 봉입 압력이 낮아도 검사가 가능하다는 장점이 있지만, 검지제가 알칼리성 물질과 반응하기 쉽고, 동 및 동합금 재료에 대한 부식성을 갖는 등의 결점이 있다. 또한, 암모니아의 폭발한계가 공기 중에서 16~27%이므로 방폭 등의 안전에 대한 주의가 필요하다.

2. 시험방법

이 시험방법은 단일벽 및 2중벽 탱크, 압력 및 진공용기, 압연품, 이중벽 부품, 복합 배관계, 유리와 금속의 접합부, 원래부터 암모니아를 저장했거나 저장할 예정인 시스템 등에 사용된다.

가. 검사제

암모니아 가스와의 접촉에 의해 화학반응에서 검지 가능한 누설량(측정감도)이 1 Pa · ㎥/s 보다 적은 것으로 한다. 브롬페놀(Brom phenol) 검사제가 효과적이며, 검사제 적용시 도장용건, 에어졸 등으로 도포하는 방법과 검지제가 적용된 검사 테이프를 적용할 수 있다.

나. 시험의 순서

① 전처리 : 시험하기 전에 누설부위에서 추적가스의 흐름을 방해하는 이물질(녹, 도료, 유류) 등을 제거한다. 물질의 종류에 따라서 기계적, 화학적인 방법 등으로 처리하고 건조, 중화시킨다. 전처리가 불충분하면 허위지시가 발생할 수 있고, 화학적인 반응 등

이 일어날 수 있다.

② 시험의 조건 : 검사제의 증발이나 건조, 추적가스의 활성도를 위해 상온에서 실시하는 것이 좋다. 압력은 최고허용압력의 25%를 초과하는 범위로 한다. 시험습도는 80% 이하로 유지해야 하는데, 과도한 습도는 이슬점을 형성시켜 허위 변색이 발생하고 누설부위를 덮을 수 있다.

③ 승압 후 일정시간 유지한다.

④ 관찰 : 감압 후 검지제의 색상변화를 관찰한다.

⑤ 기록 : 누설지시가 발생되었다면 기록지에 위치 등을 기록한다.

⑥ 후처리 : 암모니아 가스는 독성이 있으므로 검사 후에는 중화시키고, 동 및 그 합금을 부식시킬 우려가 크므로 깨끗이 후처리를 해야 한다.

3. 암모니아 변색법의 주의사항

1) 순수 암모니아 가스는 습기가 있을 때 황동이나 구리와 반응하기 쉽다.
   물론 습기가 없다면 반응은 일어나지 않는다.
2) 목재, 토양, 콘크리트 등 흡수성 재질의 경우 암모니아 가스가 여기에 함유된 수분에 흡수되어 균일하게 공급되기 어렵다.
3) 검지제의 반응이 민감하여 대화중의 타액과 담배연기에도 검지제의 색이 변하므로 외부환경에 주의해야 한다.
4) 암모니아 가스의 폭발한계는 공기 중 15~28% 이므로 특히 주의해야 한다.
5) 대량의 암모니아 가스를 사용할 경우 작업자에게 산소결핍과 악취가 인체에 영향을 미칠 수 있으므로 주의해야 한다.

4. 암모니아와 혼용할 수 있는 추적자

가. 염화수소

암모니아가스는 가스상 누설검출방법으로써 산업에 많이 응용되어 지는데 화학적인 안정과 부식방지를 위해 농도는 75 $\mu\ell$를 초과할 수 없다. 암모니아의 부식반응은 동합금에 크게 영향을 미친다. 암모니아 추적자는 비수성 암모니아 가스이며, 가압 장소에서 액체암모니아를 천에 흡착해서 사용할 수 있다.

암모니아 누설검사의 감도는 암모니아 가스의 농도에 의존하고, 농도가 높으면 감도는 증가될 수 있다. 하지만 공기 중에서 25% 이상이 되면 폭발할 수 있으므로 농도의 조성에 주의해야 한다.

대부분 암모니아 자체로 누설검사를 수행하지만, 독성 및 위험성으로 인해 다른 기체와 혼용하는 방법을 선택하기도 한다.

염화수소(hydrochloride, HCl) 증기는 염산(hydrochloride acid)의 개방된 용기나 염산을 적신 가제를 이용하여 누설부위의 공기를 측정함으로써 사용된다.

누설발생시 암모니아 추적가스의 누설은 염화수소 증기와 암모니아 가스가 접촉할 때 형성된 염화 암모니아(ammonia chloride)의 안개나 흰색의 화학적 연기에 의해서 감지할 수 있다. 이 방법은 암모니아 가스와 염화수소의 냄새 때문에 반드시 통풍장치를 설치하여야 한다.

나. 아황산가스(이산화황, sulfur dioxide, SO_2)

화학적 시효 기술로서 암모니아 가스를 사용하는 방법으로 황 촉광(sulfer candle)에 기인된 아황산가스를 이용하는 방법이다. 암모니아가스와 아황산가스가 혼합되면 흰색의 황화암모늄(ammonium sulfur) 연기가 발생한다. 아황산가스는 염화수소만큼의 응력부식을 유발하지는 않지만 악취가 있으므로 환기장치를 설치해야 한다.

다. 이산화탄소(CO_2)

암모니아 가스와의 반응을 이용하는 방법으로 이산화탄소법(CO_2법)이 있다. 이산화탄소(CO_2) 가스는 염화수소(HCl)나 아황산가스(SO_2)보다 감도는 떨어지지만 제품과 인체에 해롭지 않다는 장점이 있다.

제 2 절　음향누설시험

1. 음향누설시험의 원리

누설을 통한 가압된 유체의 교란흐름은 음파 또는 초음파의 소리를 발생시킨다. 만약 누설이 큰 경우에는 그것을 귀로 듣고 검출할 수 있다. 이것은 큰 누설을 찾아내기 위한 경제적이고 빠른 방법이다. 음향방출은 누설의 크기를 결정할 뿐 아니라 위치를 알아내는 마이크로폰 또는 청진기와 같은 기구에 의해 검출된다. 전자프로브는 탐상감도를 높인다.

작은누설은 35~40㎑ 의 범위 안에서 작동되는 음향프로브를 검출할 수 있다. 또한 실제 누설에서 음향방출은 대략 60㎑까지 범위를 높일 수 있다.

초음파 탐지기는 음파 탐지기보다 상당히 더 민감하다. 초음파 탐지기는 원거리 탐지기능이 있으며, 생성된 음향강도는 누설된 가스의 분자량의 역함수이다. 따라서 헬륨과 같은 가스의 주어진 흐름비율은 질소, 공기, 이산화탄소와 같은 더 무거운 가스의 동일한 흐름비율보다 큰 에너지를 일으킬 것이다. 주위의 소음이 낮다면 초음파 탐지기는 초당 10^{-2} atm cc로 누설을 검출할 수 있다.

소리의 근원이나 누설위치가 확실하게 결정되어진다면 주의를 가지고 면밀하게 관찰해야만 한다.

이 방법은 다음 사항을 지키면서 수행해야 한다.

1) 누설과 음향센서 사이에서 음의 감쇄를 발생시키는 소리흡수재질이나 소리의 경로를 막는 환경을 피해야 한다.
2) 본래 누설근원의 음으로부터 음파를 제공하는 판상, 경화표면 같은 재료는 소리를 반사할 수 있다는 것을 인식해야 한다.

2. 음향누설시험의 특성

가. 음향누설시험의 장점

① 누설이 있을 때 소리를 발생하기 위한 물리적 조건이라면 어떤 유체(액체, 기체, 증기)에도 사용할 수 있는 방법이다.

② 특별한 추적가스가 필요치 않다.

③ 대기 중으로 누설이 존재하여 음파를 발생할 때 누설은 최대 30m 거리에서 측정 가능하다.

④ 초음파 검출기는 새로운 파이프라인 제품 등에서 누설위치를 찾는데 효과적이다.

나. 음향누설시험의 단점

① 잡음신호가 발생될 때 이용이 어렵다.

② 관내의 통상적인 유체의 흐름을 음향누설신호로 오인할 수 있다.

③ 초음파 에너지 에코가 발생되기 쉽고 경화된 표면에서 반사되기 쉽다.

④ 직접빔 인지 반사된 빔인지를 빠르게 판단할 수 있는 작업자의 숙련이 필요하다.

다. 음향누설시험에 영향을 주는 인자

음향을 이용한 누설 검출능은 누설에서 유체흐름의 물리적 특성, 검출기기의 선택, 감도 등에 의존한다.

배관 등이 명백한 액체의 누설 없이 내부적으로 액체가 흐를 수 있으나 연결장치 등의 누설 구멍을 통해서 기체나 기타 가스가 침투될 수 있다. 그러한 누설은 유체의 점도로서 설명할 수 있는데, 낮은 압력의 액체흐름은 낮은 속도를 나타내어 누설되기 어렵지만 높은 압력, 높은 속도의 액체는 누설구멍으로 유체를 통과시키기 쉽다.

이런 조건에서 음향센서는 누설위치를 측정할 수 있는데, 누설검사를 이용한 음향검출기는 다음의 7가지 변수와 관계가 있다.

① 검출기 감도

② 검출기 선택

③ 음향 감쇄(차단)

④ 유체의 점도

⑤ 유체의 속도

⑥ 압력의 차이

⑦ 누설의 크기

3. 대형용기의 검사

대형용기는 용기안쪽의 유체 내에 40㎑의 연속적인 음을 발생시키는 발진기를 놓음으로서 가압 없이 시험할 수 있으며, 관찰될 때까지 용기의 외부에서 음향프로브를 이동시킨다.

이런 방법의 누설검사는 밀봉된 구조물의 표면파에 의존하기보다는 대기로 유체를 통한 초음파 전달에 의존한다. 이 방법은 재검사를 위해서 가끔 이용되나 산업분야에서 아직까지 광범위하게 이용되지 않는다.

4. 초음파 누설신호의 관찰과 검출수단

검출기는 고상 구조물을 통과한 음파나, 기체나 액체에서의 소리의 종류를 검출한다. 10~300㎑ 범위의 주파수를 확대하기 위한 2차 증폭기는 1차 증폭된 신호 그리고 조정할 수 있는 진동자의 출력과 증폭된 신호의 합산 값을 수신한다. 그림 5.1에 초음파 음향 누설기기의 도형을 나타내었다. 이 기기는 초음파 누설신호를 가청주파수 신호로 전환시킨다. 20㎑ 이상의 주파수는 인간이 들을 수 없는 초음파의 범위이다.

진동자는 35~45㎑ 범위의 주파수를 음향응답신호로 감지한다. 15㎑ 이하의 가청 주파수 범위에 있어서 주변잡음 신호를 제거하기 위해 검출기 진동자의 전기적 출력신호는 여과된다. 이것은 15㎑ 이하의 모든 신호주파수를 제거한다. 잔류된 초음파누설신호 주파수는 들을 수 있는 낮은 주파수로 전환되어진다.

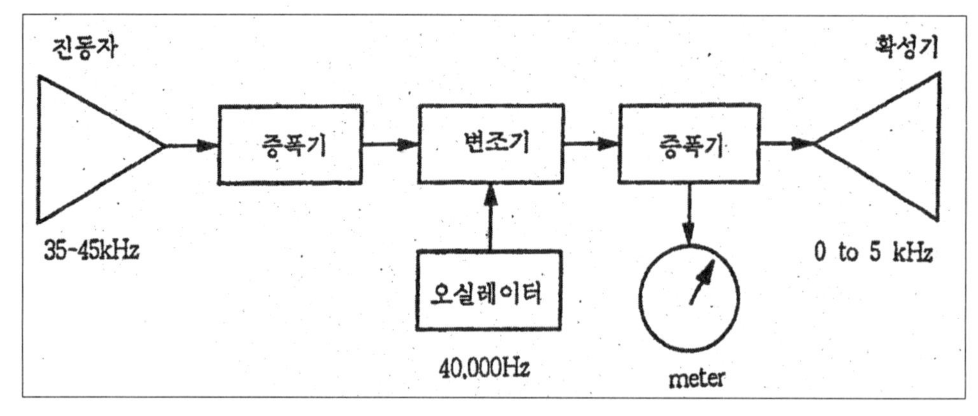

〔그림 3-1〕 초음파 누설검출기 도형

제 3 절　기체방사성 동위원소법

1. 검사의 원리

기체방사성 동위원소법으로는 방사성 추적자(tracer)를 이용하는 등의 방법을 포함하여 많은 누설시험 기술이 개발되었다. 이 시험에서 물이 가장 일반적으로 사용되는 액체이며, 또한 탄화수소가 석유업계에서 광범위하게 사용되고 있다. 물에 추가할 수 있는 가장 적합한 동위원소는 Na^{24}이다. 이 방사성 동위원소의 사용은 누설탐지에 필요한 농도가 음료허용치보다 적기 때문에 안전하다. 더욱이 이 방사성 동위원소는 반감기가 15시간으로 짧아 영향을 크게 줄일 수 있다.

감마방사능 검출기는 용기의 누설주위에 축적된 방사성 중 탄산나트륨용액에서 방출된 감마방사선의 누출위치를 확인하는데 사용된다.

또 다른 방법으로는 방사성 동위원소 크립톤85(kr-85)를 이용한다.

가. 기체방사성 동위원소 Kr-85

기체방사성 동위원소 누설시험 방법에서 추적가스로 보통 방사성물질 Kr-85를 이용한다. 이 원소는 가스상의 질소에 희석되어 있다.

밀봉된 직접회로나 기타 밀봉제품 등은 방사성가스에 침지되거나 노출되어서 특정시간동안, 300~800 ㎪ (30~100 psi)정도의 압력이 가해진다. 전자제품은 최대 침지 압력을 견딜 수 있어야 하며, 침지 압력이나 침지 시간은 제품에 따라 절차서에 규정된다. 기체방사성 동위원소 누설시험 동안 직접회로 등은 침지챔버 내에 놓여진 후, 제품의 표면으로부터 흡수되어 있는 기체나 휘발성물질의 제거를 위해 진공 감압시킨다. 챔버는 그 때 규정된 압력에서 매개기체와 방사성기체 혼합물로 채워진다. 그리고 제품은 규정된 시간동안 가압하여 추적가스에 노출된다.

방사성 추적가스 혼합물이 존재하는 누설을 통해 진공 배기된 제품의 내부로 들어가고, 침지되는 시간동안 내부 추적가스 압력을 충분하게 상승시킨다. 그런 후 방사성 가스 혼합물은 챔버 내의 진공화에 의해 영구적인 추적가스 저장 시스템 쪽으로 배기된다. 챔버 내에 있는 제품은 깨끗한 기체로 세척하고, 또한 제품표면에 흡수되어 잔류된 방사성 추적가스를 제거한다.

침지와 세척이 끝난 후 챔버는 개방되고 제품은 방사능을 검출하기 위해 신틸레이션 계수관이 설치된 장소에 놓이게 된다. 외부표면에 흡수된 기체로부터 방출된 방사선은 베타선이므로 베타선은 흡수재의 얇은 막을 통과하지 못한다. 보다 높은 에너지를 갖는 감마선은 적절한 신틸레이션 계수기로 검출되어질 수 있는 전자제품 내부에 함유된 Kr-85가스에 의해 발생된다. 누설율은 실틸레이션 계수관에 위해 측정 가능한 Kr-85의 방출된 양의 비율에 의한 계수율로부터 구할 수 있다.

2. 기체방사성 동위원소법의 특성

가. 장점

기체방사성 동위원소법의 주요 장점을 보면 밀봉되어진 다량의 전자제품을 동시에 침지시킬 수 있고, 누설경로가 막힐 염려가 없어 누설을 지나칠 가능성이 적다. 밀봉시험체 검사에 있어 다른 추적가스를 사용할 때보다 2~6배정도 빠르다. Kr-85로부터 방출된 베타선은 추적가스가 시험체 외부표면에 흡수되었는지, 밀봉 시험체내 전체에 함유되었는지를 결정하기 위해 사용된다.

Kr-85는 99%의 베타선을 방출하기 때문에 시험체 내부로 침투하기 위한 입자를 충분히 갖고 있지 못하다.

나. 단점

주요 단점으로서 이 시험시스템은 10^{-6} Pa · ㎥/s 보다 큰 누설율을 갖는 거대누설을 검사하기 어렵다. 만일 밀봉된 제품에 있어서 누설구멍이 크다면 거대누설이 발생되어 방사성가스가 제품 내에 잔류할 수 없게 된다. 또한 계측건에 추적가스가 제품에서 탈출할 우려가 크고, 세척한 후 계수 할 때까지의 시간이 길어지면 검사하기가 어려우며 인체에 해롭기 때문에 주의해야 한다.

다. 주의사항

① 방사성 추적가스 시험법은 액상 침지 전에 이루어져야 한다.
　: 누설 부위를 막을 염려가 있다.
② 흡수성 재질의 시험체는 허위지시를 만든다.
③ 침지 후 베타선이 제거될 때까지 깨끗한 기체로 세척한다.
④ Kr-85 기체로 시험한 밀봉제품을 재시험할 때는 계측기로 감마선의 제거를 완전하게 한 후 침지하도록 하고, 가압 후 30분 안에 계측해야 한다.

⑤ 샘플링검사든 전수검사든 한번에 침지하도록 하고, 가압 후 30분 안에 계측해야 한다.
⑥ 유리, 금속, 세라믹 또는 복합물질로 표면이 코팅되어 있다면, 시험 전에 Kr-85에 대한 표면 흡수율을 검사한다.
⑦ 직접적인 인체조사가 없도록 신중을 기한다.

라. 감도

실험실과 같은 조건이라면 Kr-85에 의한 방사선 동위원소법은 10-14Pa ・m³/s의 감도를 얻을 수 있다. 이러한 조건을 얻기 위해서 적용시간과 계수시간을 미리 조절해야 하고, 외부표면에 방사성 기체원자의 흡수를 최소로 하기 위해 시험되어지는 영역을 깨끗이 해야 한다.

3. Na-24에 의한 누설시험 기법

방사성 추적가스를 함유한 용액을 이용하는 많은 누설방법이 개발되어져 왔는데, 이러한 시험들 중에서 물이 가장 일반적인 매개 액체로 사용되었다(petroleum 공장에서는 hydro carbon이 폭넓게 사용된다).

용융염과 함께 액체에 방사성 동위원소가 용해된다. 그 중에서 가장 만족스러운 동위원소의 하나는 물에 용융된 sodium동위원소 Na-24를 들 수 있다. 이 동위원소는 누설검출을 위해 사용되는 방사성가스를 흡입할 수 있는 가능성이 적기 때문에 안전하다. 더욱이 반감기가 15시간 정도이므로 용기 안에 투입후 반감기에 의해서 크게 감소되는 시간이 비교적 짧아 안전하다.

이 방법의 이용에 있어 용기는 sodium방사성 중탄산염(bicarbonate) 용액으로 채워진다. 그리고 요구되는 압력까지 가압한다. 용기가 짧은 시간에 가압된 후 깨끗한 물로 세척하고 배액시킨다. 용기내의 누설주위에 축적된 감마선의 방출로부터 누설의 존재를 결정하기 위해 감마선 검출기가 사용되어진다.

제 4 절　침투탐상제에 의한 누설시험

1. 시험의 적용

침투탐상검사는 비다공성 금속, 또는 기타재료의 표면에 개방된 결함을 검출하는데 효과적인 방법이다.

이 방법으로 검출할 수 있는 전형적인 불연속은 균열, 겹침, 기공 등인데 검사면에서 침투액을 적용하면 불연속으로 스며들어간다. 이 방법은 침투시간 경과 후 과잉 침투액을 제거하고 현상제를 적용, 지시를 관찰하는 방법인데, 이를 이용 관통된 누설을 검사할 수 있다.

2. 시험의 특성

1) 누설위치 확인이 용이하다.
2) 가압장치 등의 누설시험용 특수기구가 필요 없다.
3) 완성품이 되기 전의 상태에서도 간단히 누설시험을 한다.
4) 모세관현상을 이용하기 때문에 두꺼운 시험품에는 용이하지 못하다.
5) 누설검사 방법 중 가장 간단한 방법이다.

이 누설검사는 압력을 가하는 수압 누설검사 등의 대용으로는 불충분하지만, 검사물의 두께 시험방법에 따라 수압시험으로 대신할 수 있는 방법이다. 일반적으로 누설검사의 보조검사로 사용된다.

3. 시험의 절차

1) 전처리 : 시험체의 내 외부 면을 전처리 해야 하는데 침투탐상검사와 같이 정확하지 않아도 가능하다.
2) 침투처리 : 분무, 붓칠, 침지, 흘림 등의 방법으로 검사면에 적용하고 일정시간 유지한다.
3) 현상처리 : 침투액을 도포한 반대쪽면에 현상제를 분무, 붓칠 등의 방법으로 적용한다. 현상시간은 검사물의 두께, 관통결함의 크기, 침투액의 성능에 따라 고려한다.
4) 관찰 : 가시광선 및 자외선등 하에서 관찰한다.
5) 후처리

제 5 절　액상 염료 추적자 누설검사

1. 적용

염료가 포함된 액체추적자를 이용한 누설검사는 시험품의 개구부 등의 불연속을 검사하는 액체침투탐상법과 밀접하다. 누설검사에서 침투제를 시험품의 한쪽 면에 적용한 후 일정 시간이 경과하면 관통균열을 통과하여 침투제가 반대면으로 이동된다. 이 때 흡출, 분산작용을 하는 현상제를 적용하면 쉽게 누설부위를 검출할 수 있다. 이 방법에서는 시험품에 압력을 가할 필요가 없다. 액체 추적자의 이동은 압력의 차이에 기인한 것이 아니고 액체침투 추적자의 표면장력, 모세관 현상, 표면 적심성 등에 의존한다.

누설검사에 쓰이는 액체추적자는 관통결함을 탐상하는 것으로서, 불연속적인 표면개구부를 갖는 결함을 검출하는 침투탐상과 근본적으로 차이가 있다.

2. 액상추적자의 특성

액상추적자는 일반적으로 오일 또는 물과 같은 전달수단 또는 매개체와 구성물이다. 그리고 추적자는 누설지시의 가시성을 증가시키기 위한 액상의 매개체로서 혼합체인 것이다. 매개체로서 응측용액이나 희석된 염료의 색채대비 등은 감도를 조절하고 액상추적자의 이용을 편리하게 하기 위한 중요한 인자이다.

응축용액에서 강한 색채를 나타낼 수 있는 비형광 염색연료는 솔벤트와 접촉하면 광범위하게 희석시킬 수 있으므로 그들의 색채대비가 급속히 저할될 수 있다.

가시광선을 자외선으로 전환하여 해상도를 높일 수 있는 형광염료는 염색염료보다도 훨씬 더 많은 효과를 나타낼 수 있다. 이 현상은 형광의 보다 큰 분해능과 어두운 배경에 대한 형광 누설지시의 밝기, 명암도 때문이다.

형광추적자(염료)를 사용할 때에는 백색광선의 영향을 받지 않는 자외선등(black light)이 필요하다.

3. 형광염료(fluorescent dye)의 구성

두 가지의 폭넓은 범주가 누설검사에서 추적자의 효과가 고려되어질 수 있도록 형광의 염료의 적용이 이용되어진다. 이른바 증감염료(sensitizer dye)는 약 0.35% 또는 그 이상의 입자가 농축된 것과 얇은 액상막(liquid film)에서 강한 형광응답을 나타낼 수 있는 재료이다.

색채대비염료(color former dye)는 형광염료와 연계하여 염색의 응답을 부여하기 위한 목적으로 주로 증감염료와 혼합되어 사용되어진다. 단독으로 사용되어질 때 색채대비염료는 비록 형광추적자만큼 때때로 효과적일지라도 얇은 막에서는 만족스러운 결과를 얻을 수 없다. 형광추적자로서 사용되는 염료의 종류는 다음과 같다.

1) 수용성(水溶性) 증감염료(water-soluble sensitizer dyes)
2) 수용성(水溶性) 색채대비염료(water-soluble color former dyes)
3) 유용성(油溶性) 증감염료(oil-soluble sensitizer dyes)
4) 유용성(油溶性) 색채대비염료(oil-soluble color former dyes)

가. 수상(water phase) 형광추적자의 특징

① 물은 가장 풍부하고 가격이 저렴하다. 추적매개체로서 물을 사용하는 것은 경제적인 면에서 크게 고려한 것이다.

② 액상을 함유한 파이프라인이나 탱크의 검사에 있어서 사용될 수 있다.

이 경우 유상(oil-phase) 추적자를 사용한다면 누설시험 후 유체를 작동하기 전에 표면에서 유상추적자의 막을 제거해야 하기 때문에 바람직하지 못하다.

수상(water phase)에서 사용되는 형광추적자는 일반적으로 1/1,000,000 정도의 해상력이 있다.

나. 탱크와 보일러제품에 대한 수상추적자의 적용

물베이스(water base) 형광추적자는 물 또는 증기시스템에서 미소누설을 검출하기 위해 자주 사용한다. 형광추적자는 용해된 액상의 물과 함께 탱크 또는 보일러에 투입하고 시험품의 바깥쪽 면에서 파장이 365nm인 자외선등으로 누설위치를 검사한다.

대형의 용기인 경우는 물로서 완전히 충진 되었을 때 검출할 수 있다. 이 경우 충진용기는 일반적으로 사용할 때와 같이 물 또는 무게에 대한 응력이 작용된다. 응력은 표면으로 작용하여 작은 누설을 쉽게 찾을 수 있고 압력을 가해준 것과 같은 효과를 얻을 수 있다. 파이프, 보일러튜브, 밸브 그리고 대형용기 이외의 시스템 등은 압력을 가한 조건 하에서 검사할 때 더 좋은 감도를 얻을 수 있다.

큰 누설은 누설지점에서 젖음성에 의해서 쉬게 검출할 수 있지만 작은 누설은 누설위치에서 스며들은 액상의 분자들이 쉽게 증발하거나 건조되므로 검출이 보다 어렵다. 그러므로 이러한 미소누설은 약간의 추적염료를 적용하면 누설지점 주위의 건조된 염료 위에 적층되어 검사가 가능해진다.

다. 유상(oil-phase) 형광추적자

액상누설추적자의 염료로서 두 번째 중요한 요소는 유상(oil-phase)추적자라 불리는 형광추적염료의 사용이다. 이 같은 추적염료는 방향성 오일에 가하는 낮은 점도의 솔벤트액을 매개체로 하는 이용법이다. 형광염료는 반드시 자연적으로 유용성(oil-soluble)이 있는 추적염료들을 사용한다. 대부분 유용한 유용성 증감염료와 색채대비염료 등은 솔벤트에 쉽게 용해된다. 지방성분의 오일이나 증류액 등에서는 보다 더 잘 용해된다.

가장 효과적인 형광감도를 나타내는 것은 유용성 염료이다. 오일과 솔벤트에 용해될 수 있는 쿠마린염료(coumarin dye : 도료, 인쇄잉크의 안정제)는 액체침투나 누설추적자로 사용된다. 그런데 실리톤, 플루오르 카본 등과 같은 매개체들은 유상형광염료인 쿠마린타입의 염료와 함께 사용하면 형광성을 저해할 수도 있다. 극히 미소누설인 경우 누설경로를 통하여 이동하는 액상추적자 염료의 양도 적을 수밖에 없다. 이러한 미소누설의 경우 누설경로를 통하여 이동하는 액상추적자 염료의 극히 얇은 막에 포함된 형광물질에 의존해야 한다.

추적자의 감도는 지시염료의 농도, 기능에 의해서 교정되고 측정된다. 형광반응은 대략적으로 염료의 농도와 비례관계가 있다. 염색염료추적자를 이용할 때 일정한 누설조건에서의 검출능은 최소한 두 가지의 요소에 의존한다.

① 누설경로는 짧은 시간 내의 누설부위를 통과하는 액상염료추적자의 양을 평가할 수 있도록 충분히 커야 한다.(미세누설 불가능).

② 염료의 감도(얇은 막에서의 감도)는 누설부위의 얇은 염료피막에서 형광 또는 염색반응을 위해 밝기가 충분해야 한다.

따라서 극히 미세한 누설검출에 사용되는 추적염료는 고감도의 특성을 지녀야 한다.

제 6 절 기타 누설시험

1. 열 전도율법

기체의 열전도율은 각각 종류에 따라 고유의 값을 갖는다. 혼합기체의 경우에는 그 혼합비율이 결정되면 열전도율도 결정 할 수 있다. 따라서 성분가스의 종류를 알면 그의 열전도율을 측정함으로써 그 성분비를 구하는 것이 가능하다. O_2 와 N_2 의 경우에는 열전도율이 거의 똑같기 때문에 공기 중에 포함되어 있는 다른 가스 성분을 알고 있을 때 그 양을 구할 수 있다. 가스의 열전도율은 열선 브릿지법(hot-wire bridge) 으로 측정하며, 필라멘트를 전기적으로 가열시켜 기체에 노출시킨다. 누설에 의한 기체가 필라멘트에 접촉하면 기체가 갖는 열전도율에 따라 변하는 온도를 측정한다. 측정게이지는 열전대 게이지와 피라니 게이지가 대표적이다. 이 방법은 N_2/H_2 와 SO_2 , H_2 중의 Cl_2 의 분석 등에 이용되며, 공기, H_2 ,CO_2 의 3성분 혼합가스 중에서 CO_2 측정에도 이용된다.

2. 전기 전도율법

CO_2 , SO_2 , NH_2 등과 같은 성분은 액체에 녹아 전기전도율을 변화시킨다. 따라서 녹은 용액의 전기전도율의 변화를 측정함으로써 누설을 측정하는 것이 가능하다.
예를 들어, CO_2 를 수산화바륨 수용액에 흡수시키면

$$Ba(OH)_2 + CO_2 = BaCO_3 + H_2O$$

가 되어 $BaCO_3$ 가 침전하여 $Ba(CO)_2$ 의 농도가 감소하기 때문에 전기전도율이 감소한다.
그러나 SO_2 를 H_2O_2 에 용해시키면

$$H_2O_2 + SO_2 = H_2SO_4$$

가 되어 전기전도율이 증가한다.

3. 반응열법

가연성가스는 적당한 촉매와 더불어 적절한 온도에서 O_2 와 반응하여 H_2O나 SO_2 를 생성하게 된다. 이때 발생하는 반응열은 가스의 종류에 따라 다르고 또한 그 가스의 농도에 비

례하기 때문에 가스의 종류를 안다면 반응열을 측정하여 가스의 농도를 측정할 수 있다. 촉매는 Pt와 Pd가 대표적으로 사용되고 200 ~ 500 ^{0}C에서 연소시킨다...반응열에 의한 Pt 선의 저항값 변화는 가연성 가스 농도에 비례한다. 즉 저항 값 변화 ⊿R은 온도 ⊿T와의 사이에 다음과 같은 관계가 있다.

$$\begin{aligned} \Delta R &= R \propto \Delta T \\ &= R \propto \Delta H/C \\ &= R \propto aQ/C = Km \end{aligned}$$

여기서 R ; 가스가 없을 때의 저항값
⊿H ; Pt 선의 전기저항 온도계수
C ; 검지소자의 열용량
Q ; 가스의 분자 연소율
a ; 검지소자의 형상, 재료, 촉매, 가스의 연소반응 속도 등에 대한 정수
K ; 소자와 가스에 대한 상수
m ; 가스농도

4. 적외선 분석법

O_2 , N_2 , H_2 , Ar 등의 대칭 2원자 분자, 단원자 분자를 제외한 많은 가스는 그 종류에 따라 다른 파장의 적외선 흡수대를 가지며, 적외선이 입사한 경우의 흡수량은 램버트(Lambert)법칙에 의해 구할 수 있다.
투과된 적외선 강도를 I, 입사 적외선 강도를 I_0라 할 때

$$I = I_0 \cdot e^{-acl}$$

여기서 a ; 흡수계수
c ; 가스농도
l ; 흡수관의 길이

이상의 원리를 이용하여 특정의 가스성분 분석을 행하는 방법으로, 적외선가스 분석계는 흡수파장을 선택하여 정성분석을 행하고 흡수량을 측정하여 정량 분석을 할 수 있다. 본질적으로 가스의 선택성이 좋고 파장이 중복되지 않는 한, 타 성분의 영향을 받지 않는다. 적외선 광원으로는 니크롬선 등의 연속 스펙트럼 광원이 이용된다.

5. 전자 포획법

밀폐된 구조를 갖는 Cell에 Ni-63이나 H-3의 β선원을 장치하여 들어온 가스가 β 선을포획하기 때문에 정상전류가 감소하는 것을 이용하는 방법으로 할로겐 검출기시험에서 사용되기도 한다.

6. 가스 크로마토 그래피법(색층분석법)

이 방법의 원리는 실리카겔, 활성 알루미나 같은 고체의 흡착제에, 보존성이 좋고 안정한 발색 시약을 흡착, 건조한 것으로 그 일정량을 가는 유리관(내경 2~6 mm)에 충전하고 그 양끝을 고정하여 유리관을 봉한 것으로 사용할 때에 그 양끝을 잘라 검지가스를 들여보내 착색의 모양으로부터 가스농도를 구하여 누설을 검사할 수 있다.

가스농도 측정방법에는 4가지가 있다.

1) 측장법 - 일정체적의 검지가스를 일정속도로 흘린 경우 착색층의 길이로부터 가스농도를 구하는 방법, Cl_2 , SO_2 , C_2H_2 , C_6H_6 등의 검지관에 사용
2) 측시법 - 일정길이의 착색층을 형성하는데 소요되는 가스체적으로부터 미량 가스농도를 구하는 방법, $(CH_2)_2O$, $Ni(CO)_4$, CH_2 등의 검지관에 사용
3) 비색법 - 가스체적과 속도를 일정하게 하고 검지제를 착색시켜 착색도로부터 가스농도를 구하는 방법, CO 등의 검지에 사용
4) 비측용법 - 검지관에 들어가는 속도를 일정하게 하여 착색도를 형성하는데 소요되는 가스체적으로부터 구하는 방법, C_2H_8 등의 검지에 사용

제 7 절 규 격

1. 국내의 누설시험 관련규격

가. KS-A-0087 질량분석계를 이용한 압력 및 진공용기누출 시험방법

* 이 규격은 누출 탐지를 위해서 탐지 기체를 사용하고, 사용하는 탐지 기체에 알맞게 조정된 질량분석계를 검지기로 사용하며 시스템에서 측정되는 누출합 값을 주는 누출 측정과 누출률, 누출 틈을 찾는 것에 관한 규정이다.

나. KS-A-0083 질량분석계형 누출탐지기 교정방법

* 이 규격은 질량분석계를 검지기로 사용하고, 그 분석관을 작동 가능한 진공 상태로 유지하기 위한 진공 배기계를 내장하는 질량분석계형 누출탐지기(이하 누출탐지기라 한다)의 교정 방법에 대하여 규정한다.

다. KS-B-ISO 3530-2002 진공기술-진량분광계형 누설탐지기의 교정

* 이 규격은 질량분광계형 누설탐지기의 교정에 사용되는 절차를 규정한다. 이 규격은 저압에서 감지 소자(질량분광계관)를 유지하기 위한 고진공 시스템이 있는 누설 탐지기만을 다룬다. 그러한 진공시스템이 없는 감지 소자는 특별히 제외된다.

라. 전력기술기준(KEPIC) MEN8000 누설검사

* ASME code를 주 참고기준으로 하고 KS를 부참고 기준으로 작성하였다.
  MEN 81이 누설검사 일반기준
  MEN 82이 누설검사방법의 선정에 대한 표준지침

마. 기타 관련규격

1) KS-B-6225 강제석유 저장탱크의 구조
2) KS-B-6230 다관 원통형 열교환기
3) KS-B-6231 압력용기의 구조
4) KS-B-6210 이음매 없는 강제 고압가스용기
5) KS-B-6233 육용 강제보일러의 구조

2. 외국의 누설시험 규격

가. ASTM·E 427, Standard Practice for Testing for Leaks Using the Halongen Leak Detector(Alkali-Ion Diode)

* 할로겐 누설시험방법에 대하여 규정함

Method A - 스니퍼법(직접주사) : 대기중 할로겐 오염무시

Method B - 스니퍼법(직접주사) : 대기중 할로겐 오염고려

Method C - 쉬러드법

Method D - 쉬러드법 : 할로겐 여과 필터사용

Method E - 적분법

(1) Method A - 표준누설 검출

직접 접촉방법으로서 가장 간단한 시험방법이다.

① 할로겐 추적가스 압력차가 시험되어지는 압력경계에서 발생되고

② 스니퍼 누설검출기를 가지고 대기압 쪽에서 검사되어진다.

이 방법은 누설위치를 검사할 수 있고, 대기중의 할로겐 오염으로부터 자유롭다.

(2) Method B - 비례누설 검출

Method A와 비교하여 순수한 공기를 가진 요구된 추적가스의 흐름을 제외하고는 본질적으로 같다. 시험부위로부터 스니퍼에 의해 공기 유입량을 감소시키고 보다 큰 누설에서 진공청정 효과를 감소시키는 이 방법은 스니퍼 주사시봐 근접시키고 보다 주의깊게 움직여야 한다. Method A의 범위를 넘는 큰 누설은 Method B에 의해서 정확하게 찾을 수 있는데 대기중의 할로겐이 100배까지 증가 될 수 있는 경향이 있다.

(3) Method C - 쉬러드법

최대직경 5m(2in), 최대길이가 10m를 넘지 않는 제품을 누설검사 하는데 사용되는 기법으로, 이 방법은 대기중의 공기나 순수한 공기는 컨테이너에 조립되어 있는 할로겐 가압 시험품 위를 통과하며 컨테이너로부터 배출된 공기는 할로겐 누설검출기에 의해서 시험되어진다.

Method C의 가장 큰 장점은 대기중의 할로겐으로부터 검출기를 격리할 수 있고 순수한 공기를 제공할 수 있다는 것이다.

(4) Method D - 쉬러드법(여과필터 사용)

침지법에서와 같이 트랜지스터와 같은 소형, 다량 생산품 검사에 유용한 방법이다. 이 방법은 덮개 위쪽부분은 항상 열려져 있고, 할로겐 스니퍼 누설검출기는 아래쪽으로부터 시험품을 검사한다. 대기중의 할로겐은 층상의 공기커튼에 의해서 유입이 차단된다.

(5) Method E - 적분법

큰 체적의 시험품을 검사하는데 적당하며, Method C 방법과 약간은 비슷한 방법이다. 이 방법은 일정기간동안 챔버 내에 축적된 누설량을 측정할 수 있다.

나. ASTM·E 432-71, Standard Recommended Guide for the Selection of a Leak Testing Method

* 본 지침은 누설검사방법의 선정에 도움을 줄 목적으로 작성 되었음

다. ASTM·E 479-73, Recommended Guide for Preparation of a Leak Testing Specification

* 이 표준은 구성기기, 장치 또는 설비 등에 대한 최대 허용가스누설에 관한 명확한 시방을 작성하는 경우에 고려해야 할 사항을 열거한다.

라. ASME Boiler and Pressure Vessel Code Sec. V, Article 10, Leak Testing

* 비파괴시험방법에 관련한 규격중 누설시험에 대한 방법 및 요건을 기술한다.

부록 I 거품시험 - 직접가압법
II 거품시험 - 진공상자법
III 할로겐 다이오드검출기 프로브시험법
IV 헬륨질량분석 시험법 - 검출기프로브법
V 헬륨질량분석 시험법 - 추적자프로브법 및 후드기법
VI 압력변화시험법

마. JIS-Z-2329 발포누설시험방법

* 이 규격은 시험면의 한쪽을 가압 또는 진공으로 하고, 시험체의 시험면과 그 반대면과

의 압력차에 의해 생기는 누설을, 시험면에 도포한 발포액의 거품을 관찰하는 방법

바. JIS-Z-2330 헬륨누설시험방법의 종류 및 선택

* 이 규격은 헬륨누설시험의 방법 및 그 선택에 대해 규정함

사. JIS-Z-2331 헬륨누설시험방법

* 이 규격은 헬륨가스와 질량분석계형 헬륨누설검출기를 사용, 누설량과 누설개소를 검시하는 시험방법에 대하여 규정함

아. JIS-Z-2332 방치법에 의한 누설시험방법

* 이 규격은 시험체를 가압 또는 감압하고, 일정시간 경과 후의 기체의 압력변화에 의해 누설량을 측정하는 누설시험방법에 대하여 규정함
* 방치법은 압력변화시험법으로 교재에서 설명함.

자. JIS-Z-2333 암모니아 누설시험방법

* 이 규격은 시험체로부터 누설되는 암모니아가스를 검지하는 누설시험방법에 대하여 규정함

【 익 힘 문 제 】

1. 암모니아 누설시험의 원리는?

2. 음향누설검사의 장단점은?

3. 음향누설검사의 변수는?

4. 기체방사성 동위원소법에서 주의사항은?

5. 침투탐상제를 이용한 누설시험의 특성은?

6. 침투탐상제를 이용한 누설시험의 절차를 설명하시오.

7. 액상염료 추적자 누설검사에서 액상추적자의 특성은?

8. 물리적 방법에 의한 누설기법의 종류와 방법을 약술하시오.

9. 암모니아 누설검사의 순서를 설명하시오

10. 음향누설검사의 원리는?

부 록
(I)

◆ 한국산업규격 누설검사 관련규격 ◆

KS-B-5648 질량 분석계를 이용한 압력 및 진공용기 누출 시험 방법

ICS 13.280 ; 71.040.10

한 국 산 업 규 격 **KS**

질량 분석계를 이용한 압력 및 진공 용기 누출 시험 방법

B 5648 : 2002
(2007 확인)

Pressure test method and vacuum vessel leak detection method using mass spectrometer

1. 서 문 이 규격은 1994년에 제1판으로 제정된 **ISO 10648−2**, 등 **ASTM E 1603−99**(Standard test method for leakage measurement using the mass spectrometer leak detector or residual gas analyzer in the hood mode), **ASTM E 493−97**(Standard test methods for leaks using the mass spectrometer leak detector in the inside−out testing mode)에 대하여는 대응하는 국제 규격을 번역하여 기술적 내용을 변경하지 않고 작성한 한국산업규격으로, 대응 국제 규격에는 제정되어 있지 않은 규정 항목을 한국산업규격으로 추가한 것이다.

2. 적용 범위 이 규격은 누출 탐지를 위해서 탐지 기체를 사용하고, 사용하는 탐지 기체에 알맞게 조정된 질량 분석계를 검지기로 사용하며 시스템에서 측정되는 누출합 값을 주는 누출 측정과 누출률, 누출 틈을 찾는 것에 관한 규정이다. 이를 위해서 탐지 기체는 모든 접촉면을 둘러싸야 하며, 검지기는 반대편에서 탐지 기체의 농도를 측정해야 한다.

3. 용어의 뜻 이 규격에 사용하는 용어의 뜻은 **KS A 3017, KS A 0083**에 따르는 외에 다음과 같다.

3.1 누 출 진공 기술에서 어떠한 장치의 벽에 구멍, 기공, 침투할 수 있는 요소, 또는 압력이나 벽을 가로질러 농도의 차이가 있어서 한 벽면에서 다른 벽면으로 기체가 지나갈 수 있는 요소이다. 진공 누출은 크게 두 가지로 분류할 수 있다.

a) **실제 누출(real leak)** 틈새를 통해 외부 대기로부터 진공 용기 안으로 기체가 새어 들어오는 것을 말한다. 실제 누출은 흔히 틈새 누출과 투과 누출 두 가지로 나눌 수 있다.

1) **틈새 누출** 진공 용기에 생긴 좁은 구멍이나 균열을 통해 그 틈새를 비집고 공기가 새어 들어오게 된다. 구멍이나 틈새는 세척 전에 닫혀 있다가 세척을 하고 나면 열리는 경우가 많이 있다. 일반적으로 누출이라고 하면 이러한 틈새 누출을 말한다.

2) **투과 누출** 투과 현상의 결과이다. 유리를 관통하는 헬륨과 은을 관통하는 산소, 오링

b) **가상 누출(virtual leak)** 진공 용기의 내벽과 용접 부위, 다공질의 재료로부터 나오는 기체의 방출이나, 용기 벽이나 부품으로부터의 탈착 등에 기인하여 생기는 누출이다.

1) **흡 착** 기체나 증기가 고체와 접촉할 때 표면과의 상호 작용에 의하여 기체 분자가 표면에 달라붙는 현상을 말한다.

2) **탈 착** 표면에 약하게 흡착한 분자들이 주로 열을 받아 진공 중으로 날아가는 것이다.

c) **누출의 특성** 어떤 측정 대상의 기체 누출률을 알고자 할 때 실제로 사용할 기체 대신 편리한 다른 기체로 누출률을 측정하게 되는 경우가 많다. 이 때는 주로 헬륨을 사용한다.

1) **누 출 합** 모든 시스템에 걸쳐서 측정되는 모든 누출값의 합이다.

2) **누출 단위** 누출을 정량적으로 파악하기 위해서 도입한 양이다.

3) **누출률 Q_L** 진공으로 단위 시간에 새어 들어가는 기체의 양으로 정의한다.

4) 기본 단위 단위 시간당 기체의 유량을 기본 단위로 한다. Pa · l/s로 사용한다.

3.2 누출률의 측정 실제로 누출 찾기를 시작하기 전에 누출의 크기가 어느 정도인가에 대한 정보를 가지고 있어야 하는데, 압력 상승법으로 가능하다. 누출률은 다음과 같은 식으로 요약할 수 있다.

$$Q_L = V\frac{\Delta P}{\Delta t}$$

V는 진공 시스템의 부피이다.

3.3 탐지 기체 진공 시험에서 누출 시험과 탐지 하에 장비의 외부 표면에 적용되는 기체이다. 압력 시험에서 시험 중 장비 안으로 주입한 기체를 말한다.

a) 종 류 탐지 기체로 아르곤이나 수소를 사용해도 무방하지만 일반적으로 헬륨을 사용한다.

b) 헬륨을 사용하는 이유

1) 헬륨의 분자량은 작아서 작은 누출 틈이라도 누출량이 높게 주어진다.

2) 대기 중에서 단위 부피당 차지하는 비율이 5×10^{-4}%밖에 되지 않는다.

3) 다른 기체와 반응 등으로 이온이 될 확률이 적다.

3.4 누출 틈을 찾는 방법 대기압보다 압력을 더 높게 하는 가압법과 진공 상태에서 하는 진공법이 있다.

a) 가 압 법 누출을 찾고자 하는 장치를 대기압보다 약간 높은 압력으로 탐지 기체를 채운 후 누출 틈을 통하여 밖으로 새어나오는 탐지 기체를 검지기로 검출하는 방법이다.

1) 센 서 기체를 잡아 내는 탐색자(probe) 역할을 하는 것으로 스니퍼(sniffer)가 있다.

2) 특 징 일반적으로 저진공이나 고진공의 경우에 사용할 때는 문제가 없으나 초고진공용에서는 부적합하다.

b) 진 공 법 누출을 검사할 대상(장치나 부품)을 배기한 뒤, 누출 경로를 통하여 장치 안으로 들어온 탐지 기체를 장치에 부착되어 있는 검지기로 검출하는 방법이다. 사용하는 방법에 따라서 2가지로 나눌 수 있다.

1) 시험 대상 검지 **그림 1 (a)**와 같이 시험 대상의 바깥면에 탐지 기체를 흘려서 정확한 누출 틈을 찾는다.

2) 탐지 기체 포위 검지 **그림 1 (b)**와 같이 탐지 기체로 가득 채워진 용기로 누출 측정 대상을 둘러싸 측정 대상의 전반적인 누출 여부를 찾는 방법이다.

3.5 헬륨 질량 분석계 누출 검지기 단순히 헬륨만을 검지할 수 있는 질량 분석계가 아니라 가장 일반적으로 헬륨을 사용하기 때문에(이하 헬륨 누출 검지기라 한다.) 흔히 헬륨 누출 검지기라 부른다. **그림 2**와 같이 일반적으로 헬륨의 출현에 정량적으로 민감한 질량 분석계와 이 질량 분석계에 낮은 가동 압력을 빠른 시간 내에 얻고 또 이를 적절히 유지해 주기 위한 진공 배기 시스템, 출력 신호를 표시해 주는 부분 등의 3가지로 나누어져 있다.

3.5.1 헬륨 누출 검지기의 구조

a) 질량 분석계 자세한 구성은 **그림 2**처럼 나타낼 수 있다.

1) 이온화 실 누출 틈을 통하여 들어온 헬륨 기체가 진공 시스템의 관을 통해서 맨 처음에 도달하는 곳이다. 이 곳 필라멘트에서 방출한 열전자와 충돌하여 이온화된다.

2) 슬 릿 이온화 실을 통해서 나온 각종 이온과 전자들이 걸러지는 곳이다.

3) 자기장 영역 질량 전하비, 자기장의 세기, 가속 전압 등에 의해 통과하는 이온의 질량에 따라 휘어지는 정도가 결정이 된다.

4) 조 절 판 헬륨 이온만을 걸러 내는 역할을 한다.

5) 컬 렉 터 조절판까지 도달해서 걸러진 헬륨 이온들이 모이는 곳이다.

b) **진공 배기 시스템** 질량 분석계의 최대 허용 압력이 2.67×10^{-2} Pa 정도이기 때문에 진공 배기 시스템이 필요하다.

c) **출력 신호 표시** 컬렉터에 흐르는 전류는 질량 분석계의 헬륨 분압에 비례한다. 컬렉터에 흐르는 전류가 약하기 때문에 보통 증폭기를 통하여 출력 신호를 표시하게 된다.

1) **잔류 이온** 헬륨 이외의 수증기와 질소, 산소 등의 잔류 기체들에 의해 이온화 실에서 생성된 이온들이다.

2) **백그라운드 노이즈(background noise)** 잔류 이온이 컬렉터에 도달하여 생긴 신호이다. 감도를 높이면 백그라운드 노이즈가 커지는 단점이 있다. 질량 분석계가 오염되어 있으면 그 자체에서 잔류 이온이 많이 나오기 때문에 백그라운드 노이즈를 작게 하기 위해서 질량 분석계를 깨끗이 해야 한다.

3.5.2 헬륨 누출 검지기의 특성

a) **최소 가검 누출량** 최소 가검 누출량이란 누출 탐지기로 명확히 검지할 수 있는 헬륨(탐지 기체)의 최소 누출량을 말한다. 표준 공기 누출 비율에 의해 특성화된 가장 작은 누출 틈은 주어진 누출 검지기에 의해 명확하게 찾을 수 있다. 최소 가검 누출 비율은 여러 가지 요소에 의해 결정된다. 물리적으로, 탐지 기체 흐름의 부피 비율 q_{vi}, 이온원에서 측정된 탐지 기체의 최소 부분 압력 P_g 등이 검지될 수 있다. 이는 다음의 식을 따른다.

$$\text{최소 가검 누출량} = P_g \times q_{vi}$$

최소 가검 누출 비율은 최소 가검 신호와 감도의 비율로 계산한다. 대개 헬륨 질량 분석기의 경우 10^{-11} Pa · m³/s 정도이다.

1) **표준 공기 누출 비율** 헬륨 누출 검지기는 본질적으로 누출량의 절대값을 측정하는 장치가 아닌 만큼 알려진 표준에 대하여 교정을 받아야 한다. 표준 공기 누출은 특정 온도에서 누출 틈의 공기의 흐름을 알 수 있는 것이다. 예를 들어 설명하면, 표준 상태에서 누출 틈을 통했을 때 이슬점의 대기압 공기가 −25℃ 이하일 때의 효율은 다음과 같이 특성화된다. 즉 입구 압력이 100 kPa±5%이고 출구 압력이 1 kPa 이하일 때 온도는 23±7℃일 것이다.

2) **탐지 기체 흐름의 부피 비율** 헬륨의 경우는 일반적인 공기의 누출 비율보다 대략 2.7배 크다.

3) **탐지 기체 최소 부분 압력** 질량 분석기에 따라서 개인적인 차이가 있으나 대개 10^{-3}~10^{-8} Pa이다. **표 1**을 참고하면 된다.

b) **검지기의 부착 위치가 시스템에 미치는 효과** 검지기의 부착 위치와 관련한 문제는 감도와 응답 시간이다.

1) **실효 배기 속도 S_e** 실제 실험 용기의 진공을 배기하는 속도를 말한다.

2) **탐지 기체의 분압 P_{tr}** 실험 용기 내 전체 압력 중 탐지 기체가 차지하는 압력을 말한다. 누출률과 진공 시스템의 실효 배기 속도에 의해 결정된다. Q_L은 **2.2**에서 설명한 누출률이다.

$$P_{Tr} = \frac{Q_L}{S_e}$$

3) **감 도 C(sensitivity)** 분석계의 감도는 입력에 대응하는 출력이 입력의 변화로 출력이 변하는 것을 말한다. 다음과 같은 관계식을 가지고 있다. 감도를 이야기할 때는 반드시 탐지 기체가 지정이 되어야 한다.

$$C = \frac{1}{S_e}$$

4) **응답 시간 t_r** 탐지 기체를 누출 틈에 쏘기 시작하여 검지기의 표시값이 변할 때까지의 시간을 말한다. 응답 시간은 검지기의 순발력을 가늠하기 때문에 짧을수록 좋다. 양이거나 큰 누출 비율을 표시,

0점 또는 작은 누출 비율 표시로부터 변화하는 대응 시간 상수이다.

5) **배기 시간 상수 τ** 장비의 출력에 대한 필요한 시간 간격 또는 출력에서 갑작스런 변화에 의한 도달 출력의 63 %가 변화한 시스템이다.

6) **감도와 응답 시간의 결정** 진공 용기의 부피를 V라고 배기 시간 상수 τ는

$$\tau = \frac{V}{S_e} = VC$$

이므로, 최종 신호 63 %와 95 %에서의 응답 시간은 각각 VC와 $3VC$이다. 고감도는 대형 장치의 경우 항상 긴 응답 시간과 연관되어 있다. 보통 감도를 희생하면 응답 시간을 개선할 수 있다.

7) **누출 검지기의 부착 위치** 어디에 누출 검지기를 부착하느냐에 따라 감도가 작아지거나 응답 시간이 길어질 수 있다. 또한 검지기를 바로 연결하면 진공 시스템의 압력이 너무 높을 수도 있다. 따라서 누출 검지기의 연결점을 결정하기 전에 최소 가검 누출률 및 최대 허용 압력 등과 같은 누출 탐지기의 특성을 미리 알고 있어야 한다. 압력이 너무 높을 경우 검지기의 최대 허용 압력을 초과하지 않도록 조절 밸브나 오리피스를 설치하도록 한다. **표 1**을 참고로 하여 결정한다.

3.5.3 헬륨 누출 검지기의 종류

a) **직류 헬륨 누출 검지기** **그림 3 (a)**와 같으며 흔히 재래식, 정상류 방식이라고 부른다.

1) **헬륨의 분압** 질량 분석기 내에 존재하는 헬륨의 분압을 다음과 같이 주어진다. $S_{HV,\,He}$는 헬륨에 대한 고진공 펌프에서의 배기 속이다.

$$P_{MS,\,HE} = \frac{Q_{He}}{S_{HV,\,He}}$$

헬륨의 누출률 Q_{He}는 **2.4**를 참고로 한다.

2) **직류 누출 검지기의 고유 감도(intrinsic sensitivity, S_{DF})** 어떤 일정 누출률에 대하여 질량 분석계 내의 헬륨 분압의 비로 정의할 때, S_{DF}는

$$S_{DF} = \frac{P_{MS.\,HE}}{Q_{He}} = \frac{1}{S_{HV,\,He}}$$

로 쓸 수 있다.

b) **역류 헬륨 누출 검지기** 고진공 펌프인 터보 분자 펌프나 기름 확산 펌프에서의 헬륨의 압축비가 다른 무거운 기체에 비해 상대적으로 낮다는 취약점을 역으로 이용하고 있다.

1) **헬륨의 분압** 질량 분석기 내에 존재하는 헬륨의 분압을 다음과 같이 주어진다. $S_{FV,\,He}$는 헬륨에 대한 뒷받침 펌프에서의 배기 속도이다.

$$P_{MS,\,He} = \frac{Q_{He}}{S_{FV,\,He} \cdot K_{0,\,He}}$$

2) **역류 누출 검지기의 고유 감도(intrinsic sensitivity, S_{CF})** 어떤 일정 누출률에 대하여 질량 분석계 내의 헬륨 분압의 비로 정의할 때, S_{CF} 는

$$S_{CF} = \frac{P_{MS.\,He}}{Q_{He}} = \frac{1}{S_{FV,\,He} \cdot K_{0,\,He}}$$

3) **압 축 비** 펌프의 입구와 출구에서의 압력의 비를 말한다. 여기에서 K_0는 역류형 헬륨 누출 검지기에서 고진공 펌프(터보 분자 펌프나 기름 확산 펌프)의 최대 압축비를 의미한다. 이는 펌프마다 조금씩 다르다.

4) **특 징** 누출 검지기의 고진공 펌프의 펌프적인 것과 필터적인 요소를 조화시켰다.

펌프적인 요소 질량 분석계를 고진공 쪽에 연결하였다.

필터적인 요소 시험받을 대상을 고진공 펌프의 배기 라인인 저진공 쪽에 연결하였다. 압축비가 낮은 헬륨은 배기 흐름을 거슬러올라가 검지기에 도달할 수 있다. 그러나 압축비가 큰 공기나 기름 분자는 배기 흐름을 따라 흘러 검지기로부터 분리된다.

c) **직류형과 역류형 누출 탐지기의 비교**

표 1 직류형 누출 탐지기와 역류형 누출 탐지기의 성능 비교

구 분	직 류 형	역 류 형
최소 가검 누출 비율(Pa · m³/s)	$10^{-13} \sim 10^{-12}$	$10^{-11} \sim 10^{-10}$
배기계 응답 시간 (0~63 %, 초)	0.01	0.1
최대 허용 진공도 (Pa)	$10^{-2} \sim 10^{-1}$	10 ~ 100
냉각 트랩	때에 따라 필요하다.	전혀 불필요하다.

4. 시험 조건 누출 탐지와 누출률 측정을 위한 시험 조건은 원칙적으로 다음에 따른다.

4.1 누출률 측정

a) 가압법으로 초고진공 용기를 시험할 때는 탈가스를 가능한 최소화해야 한다. 이런 이유로 가압법으로 시험하기 전에 고진공 용기를 적어도 12시간 이상 베이크 아웃(bake out)하는 것이 보통이다. 가압법으로 몇 번 시험해서 같은 누출값을 얻었다면 실제로 누출이 있다고 할 수 있다. 그러나 값이 일정하지 않다면 탈가스율이 여전히 높으므로 고진공 용기를 더 베이크 아웃해 주어야 한다.

b) **압력 상승법** 시험하는 중에는 진공 용기를 벤트하지 말고 계속 배기하는 것이 바람직하다.

c) **분위기 온도** 23 ± 7 ℃

d) **분위기 압력** 100 kPa ± 5 %

4.2 누출 틈 찾기

a) **헬 륨** 99 % 이상의 순도를 가진 헬륨 기체가 필요하다.

b) **분위기 온도** 23 ± 7 ℃

c) **분위기 압력** 100 kPa ± 5 %

d) **시험 용기의 진공도** 누출 감지 측정에 사용하는 시험 용기의 최소 도달 진공도이며 사용하는 누출 검지기의 종류에 따라 다르다.

1) **직류 헬륨 누출 검지기** 10^{-2} Pa

2) **역류 헬륨 누출 검지기** 10 Pa

e) **시험 용기의 재질** 때로는 초고진공 영역에서 누출 탐지를 해야 하므로 재질로부터 기체의 방출이 적은 초고진공용 재료를 사용하는 것이 좋다. 특히 오링(O－ring)의 경우 자체가 헬륨을 투과시키므로 사용하지 않는 것이 바람직하다.

f) 누출 틈 찾기 시험시 러핑 배기할 때 충분히 압력이 낮아질 때까지 기다린다. 그렇지 않으면 기름 회전 진공 펌프의 기름이 진공 안으로 역류할 가능성이 있다.

5. 시험 장치 누출 검지기에는 질량 분석계의 배치에 따라 기본적으로 두 가지 타입이 있다.

5.1 누출률 측정 압력 상승법으로 찾는다.

a) **측정 용기** 누출을 측정할 대상이다.

b) **진공 펌프** 측정 용기를 배기하는 데 쓰인다.

측정 대상이 고진공에서 사용될 것이라면 고진공 펌프인 터보 분자 펌프나 기름 확산 펌프를 사용하며 저진공이라면 기름 회전 펌프를 사용한다.

c) **진 공 계** 압력을 측정할 때 사용하며 가능하면 교정이 된 진공계를 사용한다. 진공계는 측정 용기 쪽에 부착한다.

d) **누출 차단 밸브** 측정 용기와 진공 펌프 사이에서 차단하는 데 쓰인다.

5.2 진 공 법

a) **직류 헬륨 누출 검지법** **그림 3 (a)**와 같은 형태이다.

1) **구 조** 시험 용기와 질량 분석계 모두 고진공 펌프 흡기구에 같이 연결되어 있다.

2) **장 점** 시험 용기를 고진공 상태로 만들 수 있고 시험 용기의 누출을 통해서 들어온 헬륨이 바로 질량 분석계로 들어가므로 감도가 좋다.

3) **시험 용기** 누출 측정을 할 대상이 들어 있는 진공용 용기이다.

4) **질량 분석계** 탐지 기체인 헬륨을 검지하는 장비이다.

5) **러핑(roughing) 밸브** 헬륨 주입구와 러핑 펌프가 연결되어 있는 밸브이다.

6) **러핑(roughing) 펌프** 누출 검지기 주입구의 신속한 배기를 위해서 별도의 펌프를 장착해서 배기한다. 일반적으로 기름 회전 진공 펌프를 사용한다. 기름의 역류가 우려되는 경우 건식 펌프를 사용하기도 한다. 나중에 고진공 펌프의 뒷받침 펌프로도 이용된다.

7) **역류 밸브** 고진공 펌프와 뒷받침 펌프를 연결하는 밸브이다.

8) **주입구 진공계** 주입구에서의 압력을 측정한다.

9) **주입 밸브** 주입구에서 들어온 헬륨이 고진공 배기 라인으로 연결되어 있는 밸브이다.

10) **조절 밸브** 누출 검지기에 탄력성을 부여하는 부분으로 검출기의 감도를 조절하는 역할을 한다.

11) **냉각 트랩** 헬륨의 밀도를 높이거나 배기 속도를 높이는 역할을 한다. 배기 시간을 크게 단축시켜 주는 역할도 한다.

b) **배기 시스템** 고진공 펌프로 기름 확산 펌프를 사용하고 그 뒷받침으로 기름 회전 펌프를 사용하지만 최근 들어서 기름 확산 펌프가 터보 분자 펌프로 대치되면서 냉각 트랩이 없어도 되고 신속하게 검출 준비를 할 수 있게 되었다.

c) **역류 헬륨 누출 검지기** **그림 3 (b)**와 같은 형태이다.

1) **구 조** 질량 분석계만 고진동 펌프 쪽에 연결되어 있으며 시험 용기는 고진공 펌프와 뒷받침 펌프 사이에 연결되어 있어서 시험 용기로 유입된 기체는 바로 뒷받침 펌프로 빠져나가고 헬륨처럼 질량이 작은 분자는 역류하여 질량 분석계까지 도달하게 된다.

2) **시험 용기** 누출 측정을 할 대상이 들어 있는 진공용 용기이다.

3) **질량 분석계** 탐지 기체인 헬륨을 검지하는 장비이다.

4) **주입구 진공계** 주입구에서 압력을 측정한다.

5) **주입 밸브** 주입구에서 들어온 헬륨이 뒷받침 펌프로 가게 하며 주입구와 뒷받침 펌프 사이에 있는 밸브이다.

6) **고진공 펌프** 질량 분석계가 연결되어 있으며, 기름 확산 진공 펌프나 터보 분자 펌프를 사용한다.

7) **역류 밸브** 고진공 펌프와 뒷받침 펌프 사이를 연결한다.

8) **뒷받침 펌프** 기름 회전 진공 펌프를 주로 사용한다.

d) **헬륨 분사법** 가장 널리 사용되는 방법이며 프로브법(probe test)이라고도 한다.

1) **헬륨 누출 검지기** 측정 대상 안에 있는 헬륨을 검지해 낸다.

2) **헬 륨** 탐지 기체로 사용한다.

3) **시험 용기** 누출 측정을 할 대상이 들어 있는 진공용 용기이다.

4) **질량 분석계** 탐지 기체인 헬륨을 검지하는 장비이다.

5) **프 로 브** 누출 탐지 대상 진공 용기에 헬륨을 뿌린다.

e) **덮 개 법** 시험 용기를 비닐이나 후드 등으로 씌우고 여기에 헬륨을 불어넣어 측정하는 방법이다.

1) **헬륨 누출 검지기** 측정 대상 안에 있는 헬륨을 검지해 낸다.

2) **헬 륨** 탐지 기체로 사용한다.

3) **시험 용기** 누출 측정을 할 대상이 들어 있는 진공용 용기이다.

4) **질량 분석계** 탐지 기체인 헬륨을 검지하는 장비이다.

5) **비닐이나 후드** 누출 측정 대상을 전체적으로나 국부적으로 씌우는 것이다.

6) **진공 펌프** 누출 검지기 안의 기체들을 배기한다.

f) **적 분 법** 아주 미세한 누출을 검지할 때 사용한다.

1) **헬륨 누출 검지기** 측정 대상 안에 있는 헬륨을 검지해 낸다.

2) **진공 펌프** 시험 용기 내부를 1차적으로 배기한다.

3) **헬 륨** 탐지 기체로 사용한다.

4) **시험 용기** 누출 측정을 할 대상이 들어 있는 진공용 용기이다.

5) **질량 분석계** 탐지 기체인 헬륨을 검지하는 장비이다.

5.3 가 압 법 구성은 **그림 4 (c)**와 같으며 진공 용기 속으로 고압의 헬륨을 도입하여 누출되는 헬륨을 측정하는 방법이다.

a) **흡입 탐침법(sniffer test)**

1) **헬륨 누출 검지기** 측정 대상 안에 있는 헬륨을 검지해 낸다.

2) **헬 륨** 탐지 기체로 사용한다.

3) **시험 용기** 누출 측정을 할 대상이 들어 있는 진공용 용기이다.

4) **질량 분석계** 탐지 기체인 헬륨을 검지하는 장비이다.

5) **흡입 탐침** 시험 용기로부터 나온 헬륨이 누출 감지기 안으로 흘러들어갈 수 있도록 한다.

b) **가압 적분법** 가압법과 덮개법을 같이 사용하는 방법이다.

1) **헬륨 누출 검지기** 측정 대상 안에 있는 헬륨을 검지해 낸다.

2) **헬 륨** 탐지 기체로 사용한다.

3) **시험 용기** 누출 측정을 할 대상이 들어 있는 진공용 용기이다.

4) **질량 분석계** 탐지 기체인 헬륨을 검지하는 장비이다.

5) **덮 개** 시험 용기를 둘러싸는 역할을 한다.

6) **흡입 탐침** 시험 용기로부터 나온 헬륨이 누출 감지기 안으로 흘러들어갈 수 있도록 한다.

6. 시험 방법 누출률을 측정하는 압력 상승법과 헬륨 누출 검지기를 이용해서 누출 틈을 찾는 진공법과 가압법에 대해서 설명한다.

6.1 압력 상승법 누출률을 측정하는 방법을 말한다.

a) 진공 펌프로 측정 대상 진공 용기를 배기한다.

b) 원하는 압력(P1)에 도달하면 누출 차단 밸브를 닫아 진공 용기와 펌프를 분리한다.

c) 압력이 일정량(보통 10배)만큼 상승(P2)하는 데 걸리는 시간(t)을 측정한다.

d) 누출 차단 밸브를 다시 열고 충분히 긴 시간 동안 다시 배기한다.

e) 마찬가지로 압력이 일정량만큼 상승하는 데 걸리는 시간을 측정한다.

f) 위 d)~e) 과정을 반복한다.

g) 이 때 압력 상승 시간이 변하지 않고 일정하다면 이것은 누출이 있음을 암시한다. 압력 상승 정도가 점점 작아지면 이것은 용기 내부로부터 탈가스에 의한 것이다.

h) 압력 상승이 누출에 의해서라는 확신이 서면 **2.2**에 의해 누출률을 계산한다.

6.2 누출 틈 찾기

6.2.1 진 공 법

a) 직류 헬륨 누출 검지법

1) 모든 밸브를 잠근 후에 러핑 밸브, 역류 밸브를 연 후에 러핑 펌프로 배기한다.

2) 주입구 진공 게이지 압력이 0.13 Pa 정도로 떨어지면 러핑 밸브를 잠근 후 고진공 펌프를 작동시켜 배기한다. 고진공 펌프 위의 조절 밸브를 서서히 연다.

3) 벤트 밸브를 열어 주입구와 러핑 펌프 사이에 공기를 채워 대기압으로 만든 후 벤트 밸브를 다시 닫는다.

4) 냉각 트랩에 액체 질소를 채우고 시험받을 대상을 주입구에 연결한다.

5) 러핑 밸브를 열고 시험 대상을 러핑 펌프로 배기하여 주입구 진공 게이지 압력이 0.13 Pa 정도로 떨어지면 압력이 6.66×10^{-5} Pa 이하로 내려가면 질량 분석계의 필라멘트 스위치를 켠다.

6) 주입 밸브를 천천히 열어 검지기의 고진공 배기 시스템으로 배기하다.

7) 압력이 2.67×10^{-2} Pa 이하로 내려가면 질량 분석계의 필라멘트 스위치를 켠다.

8) 시험받을 대상에 헬륨 탐지 기체를 넣어 주고 시험한다.

9) 시험이 끝났으면 주입 밸브, 조절 밸브를 닫는다.

b) 역류 헬륨 누출 검지법

1) 주입구에 시험 용기를 연결한 후에 모든 밸브를 닫는다.

2) 주입 밸브와 역류 밸브를 열고 뒷받침 펌프로 배기한다. 주입 진공 게이지 압력이 0.13 Pa 정도로 떨어지면 고진공 펌프로 배기한다.

3) 시험 용기에 헬륨 탐지 기체를 넣어 누출을 시험한다.

4) 시험이 끝났으면 역류 밸브를 닫는다.

c) **헬륨 분사법** 가장 널리 사용되는 방법이며 프로브법(prove test)이라고도 하다. 누출을 정확하게 찾아 내어 누출 틈의 정확한 위치와 그 크기까지 알 수 있는 방법이다.

1) **그림 4 (a)**와 같이 시험 대상을 누출 탐지기에 연결한 후 진공 배기한다.

2) 누출을 찾기 위해 탐지 기체인 헬륨을 직접 시험 대상의 표면에 쏘아 준다.

3) 시험 대상을 위에서 아래로 프로브하는 것이 시험의 요령이다.

4) 누출 틈이 있으면 누출 틈을 통해 헬륨이 들어가서 누출 검지기에 표시가 된다.

d) **덮 개 법** 시험 용기를 비닐이나 후드 등으로 씌우고 여기에 헬륨을 불어넣어 측정하는 방법이다. 누출의 존재 여부를 신속히 알 수 있다. 헬륨 분사법처럼 정확한 누출의 위치를 알 수는 없고 총 누출 합을 알 수는 있다. **그림 4 (b)**와 같다.

1) 시험 용기 내부를 진공 배기하면서 시험 용기 외부를 비닐이나 덮개 등으로 씌운다.

2) 그 안에 헬륨 탐지 기체를 채우고 시험 용기에 연결된 누출 검지기로 측정한다.

3) 전체적인 누출 측정을 원하면 전체에 덮개를 씌우고 부분적으로만 측정을 원하면 측정 부분에만 덮개를 씌운다.

4) 누출의 정확한 측정을 위해서는 덮개 내부 헬륨 분압이 높을수록 좋으며 정량적인 측정을 위해서는 가능하면 헬륨 농도가 90%를 넘는 것이 좋다.

e) **적 분 법** 아주 미세한 누출을 검지할 때 사용한다.

1) 시험 용기 내부를 진공 배기한 후 밸브를 닫는다.
2) 헬륨이 배기되지 않도록 하면서 누출 탐지기 안에 시험 용기로부터 들어온 적은 양의 누출 기체가 쌓여서 측정이 가능할 때까지 기다린다.

6.2.2 가 압 법

a) **흡입 탐침법(sniffer test)** 시험 용기 속에 탐지 기체 헬륨을 높은 압력으로 넣어 준 후 누출 틈으로 새어 나오는 헬륨을 검지하는 방법이다. **그림 4 (c)**와 같다.
1) 시험 용기 내부에 대기압보다 높은 압력으로 탐지 기체 헬륨을 채운다.
2) 누출이 있다고 의심되는 부분에 흡입 탐침을 대어 유출되는 헬륨 기체를 흡입하고 탐침은 시험 용기로부터 나온 헬륨이 누출 감지기 안으로 흘러들어갈 수 있도록 해야 한다.
3) 탐지 기체인 헬륨을 넣어 주는 정도는 시스템의 특성에 따라서 결정한다.

b) **가압 적분법** 가압법과 덮개법을 같이 사용하며 헬륨을 모아서 검지하므로 작은 누출 탐지에 유리하다.
1) 시험 용기를 탐지 기체인 헬륨 기체로 가득 채워 대기압보다 높게 한다.
2) 시험 용기 외부를 덮개로 둘러싸서 시험 용기로부터 새어 나오는 헬륨 기체가 덮개 안으로 모이도록 한다.
3) 일정 시간 동안 덮개 안에 모인 헬륨 기체는 누출 검지기에 연결된 흡입 탐침으로 연결되도록 하여 검지한다.

7. 시험 보고표 시험 결과는 표에 기입한다. 표에는 기종, 제조 번호, 시험자명, 시험 연월일, 시험 조건을 명기한다.

표 헬륨 누출 검지기 검사표

검 사 일	년 월 일	시 각	시 분
검 사 자		검사 번호	

누출률 측정(압력 상승법)

진공 시스템의 부피		측정 용기의 재질	
진공 펌프 종류			
차단 밸브 닫기 전 압력 P1		차단 밸브 닫은 후 압력 P2	
압 력 차		시 간 t	
누출률 Q_L			

검지 기체 헬륨의 조건

헬륨 기체의 순도	%		
분위기 온도	℃	분위기 압력	Pa

사용 누출 검지기

제 조 사		모 델 명	
배기계 형식		배기계 응답 시간	
최소 가검 누출량		최대 허용 압력	
감 도		냉각 트랩	

헬륨 누출 검사를 이용한 누출 틈 찾기

표준 헬륨 기체 흡입 시간		검사시 검지기 측정 범위	
누출에 의한 진폭		누 출 률	
누출 검사 방법	검사 방법		
	검사 조건		

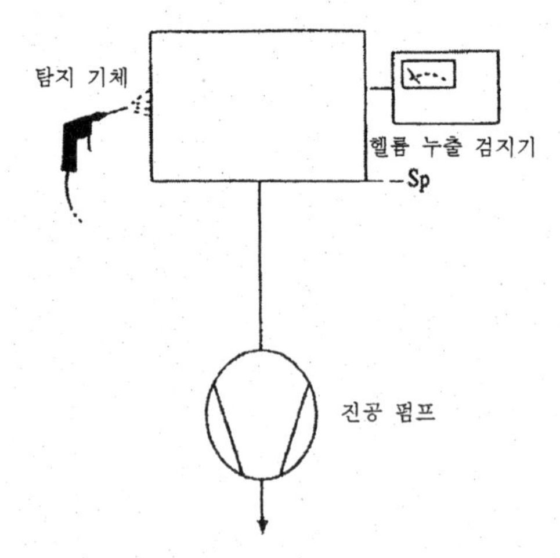

그림 1 (a) 진공법－시험 대상 검지

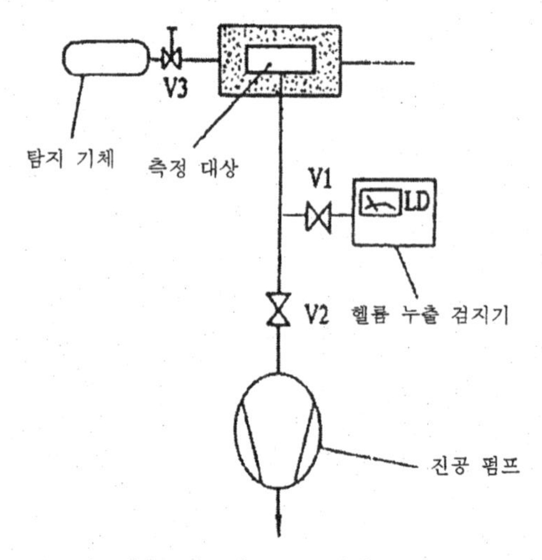

그림 1 (b) 진공법－탐지 기체 포위 검지

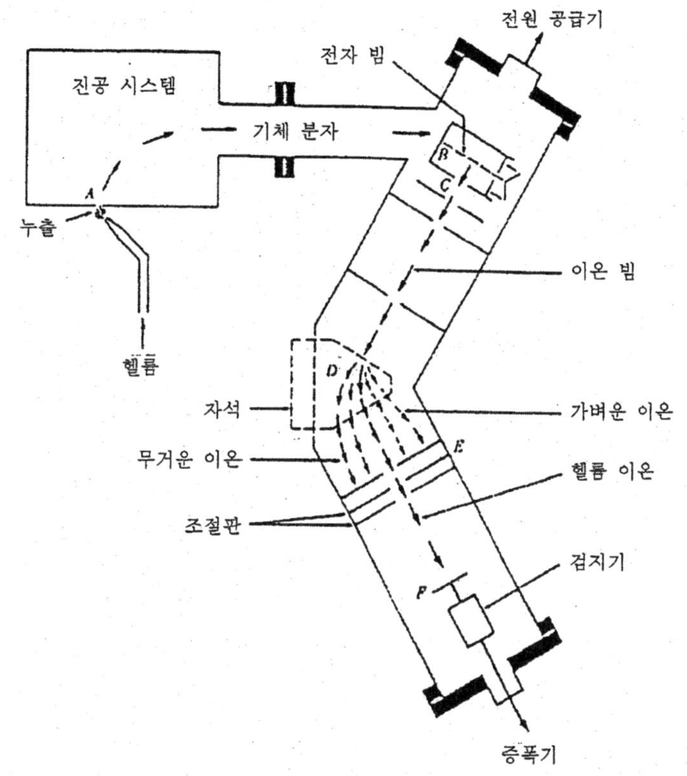

그림 2 질량 분석계 내부 구조

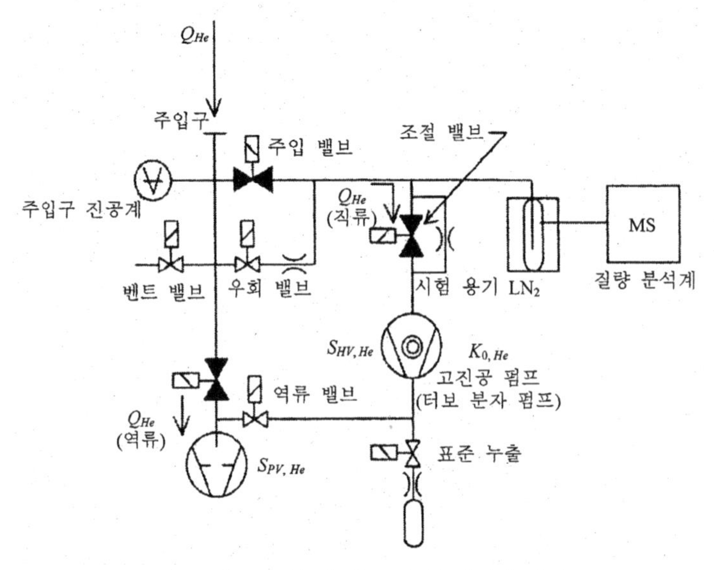

그림 3 (a) 직류형 헬륨 누출 검지기의 개략도

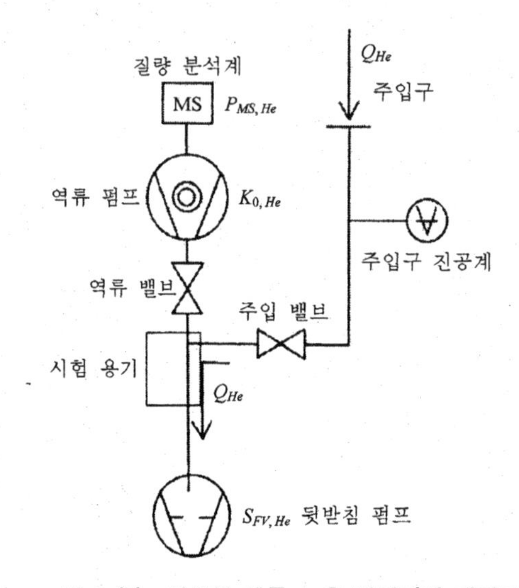

그림 3 (b) 역류형 헬륨 누출 검지기의 개략도

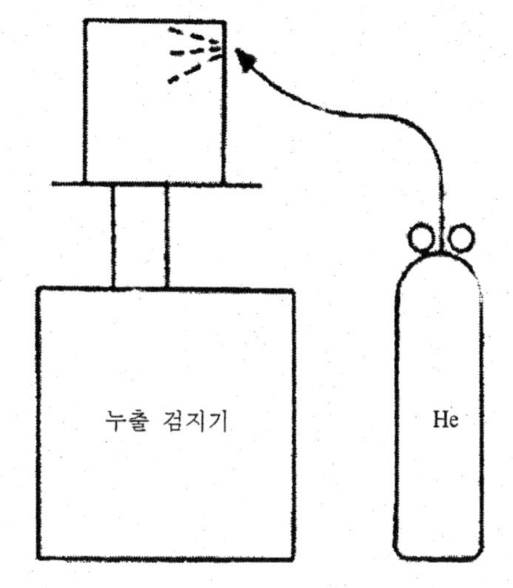

그림 4 (a) He 분사법에 의한 누출 검지

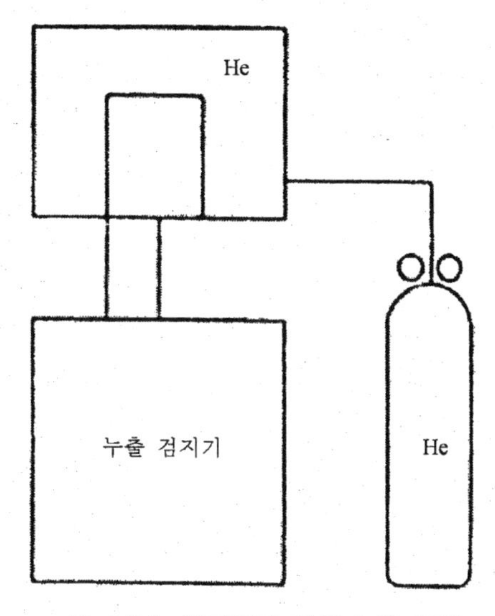

그림 4 (b) 덮개법에 의한 누출 검지

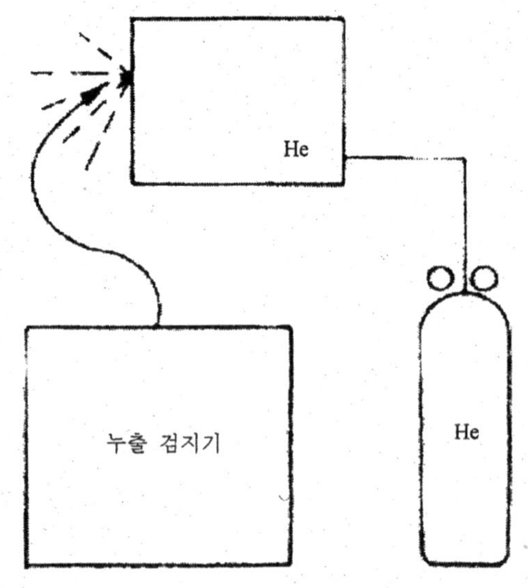

그림 4 (c) 흡입 탐침법에 의한 누출 검지

부 록
(Ⅱ)

◈ ASME Code 관련규격 ◈

- **ASME SEC. V**

  Art. 10 Leak Testing

Leak Testing

T-1000 개요

T-1010 적용범위 이 장은 누설시험을 실시하는 방법 및 요건을 규정한다.

a) 이 장의 누설시험 방법 또는 기법이 참조규격(referencing code section)에서 규정되는 경우, 누설시험 방법 또는 기법은 제1장 일반요건과 함께 사용해야 한다.

b) 시험방법 또는 이들 시험방법의 기법은 누설의 위치나 누설율의 측정에 사용할 수 있다. 이 장의 특정 시험방법 또는 기법은 다음의 강제 부록 Ⅰ~Ⅹ 및 비강제 부록 A1~10에 따른다.

- 부록 Ⅰ 거품시험-직접가압법
- 부록 Ⅱ 거품시험-진공상자법
- 부록 Ⅲ 할로겐 다이오드 검출기 프로브 시험법
- 부록 Ⅳ 헬륨 질량분광기 시험-검출기 프로브법
- 부록 Ⅴ 헬륨 질량분광기 시험-추적자 프로브법
- 부록 Ⅵ 압력변화 시험법
- 부록 Ⅶ 용어 정의
- 부록 Ⅷ 열전도 검출기 프로브 시험법
- 부록 Ⅸ 헬륨 질량분광기 시험-후드법
- 부록 Ⅹ 초음파 누설검출기 시험법
- 부록 A 보충 누설시험 공식의 기호

T-1020 일반사항

T-1021 문서화된 절차서 요건

T-1021.1 누설시험은 문서화된 절차서에 따라 실시되어야 한다. 그 절차서에는 최소한 각 부록 I-1021~X-1021 및 표 I-1021~X-1021의 요건을 포함시켜야 한다. 문서화된 절차서는 각 요건에 대한 단일 값 또는 어떤 범위의 값을 정해야 한다.

T-1021.2 **요건의 수정** 이 장은 시험기법을 포함하므로 T-150의 실증 과정을 통해 제조자가 수정할 수 없는 요건이 있다. 단지 표 I-1021~X-1021에 있는 이 요건만이 실증에 의해 수정할 수 있다.

T-1021.3 **절차서 인정** 절차서 인정이 규정된 경우, 규정 값 또는 어떤 범위의 값이 필수 변수로 분류된 해당 표 I-1021~표 X-1021의 요건의 변동은 문서화된 절차서의 재인정이 요구된다. 규정 값 또는 어떤 범위의 값이 비필수 변수로 분류된 요건의 변동은 문서화된 절차서의 재인정이 요구되지 않는다. 문서화된 절차서에 규정 값 또는 어떤 범위의 값에 대한 모든 필수 변수 및 비필수 변수의 변동은 문서화된 절차서의 개정이나 추록이 요구된다.

T-1022 참조규격 참조규격에서 누설시험 방법 또는 기법이 규정된 경우, 참조규격에는 다음 사항이 규정되어 있어야 한다.

a) 시험요원의 자격인정/인증
b) 기법/교정 표준시험편
c) 시험의 범위
d) 허용 가능한 시험감도 또는 누설율
e) 보고서 요건
f) 기록의 보존

T-1030 장비

T-1031 게이지(gage)

a) **게이지 범위** 다이알 지시형 및 기록형 압력게이지가 누설시험에 사용되는 경우, 압력게이지는 요구되는 최대압력의 약 2배의 압력범위를 나타내는 눈금범위가 있어야 한다. 그

러나, 어떠한 경우에도 요구되는 최대압력의 1.5배 미만이거나 4배 이상의 눈금범위를 가져서는 안 된다. 이러한 눈금범위의 제한은 다이알 지시형 및 기록형 진공게이지에는 적용하지 않는다. 해당 부록에서 규정한 종류가 다른 게이지의 눈금범위에 대한 요건은 해당 부록의 요건에 따라야 한다.

b) **게이지 위치** 기기를 가압/진공 누설시험하는 경우, 다이알 지시형 게이지는 기기를 가압, 진공, 시험과 감압 또는 배출하는 동안 내내 가압/진공을 조절하는 시험요원이 게이지를 쉽게 볼 수 있도록 기기에 직접 연결하거나 원격위치에서 기기에 연결해야 한다. 1개 이상의 게이지가 규정 또는 요구되는 대형 압력용기 또는 시스템의 경우, 기록형 게이지가 권고되고, 또한 1개의 기록형 게이지는 2개 이상의 지시형 게이지를 대체할 수 있다.

c) 다른 종류의 게이지가 해당 부록에서 요구되는 경우, 그 게이지는 다이얼 지시형 또는 기록형 게이지와 조합하거나 대체하여 사용할 수 있다.

T-1040 기타 요건

T-1041 청결 시험할 부위의 표면은 기름, 그리이스, 페인트 또는 누설을 가릴 우려가 있는 다른 오염물질이 있어서는 안 된다. 기기를 세척하는데 액체를 사용하거나, 수압시험 또는 수기압시험이 누설시험 전에 실시된다면, 기기는 누설시험 전에 건조시켜야 한다.

T-1042 구멍 시험을 완료한 후 쉽고 완전히 제거될 수 있는 모든 구멍은 플러그(plug), 덮개(cover), 밀봉 왁스(sealing wax), 시멘트 또는 다른 적합한 재료를 사용하여 밀봉해야 한다.

T-1043 온도 시험하는 동안 모든 기기의 최저 금속온도는 이 장의 해당 부록에서 규정한 온도와 압력기기 또는 부품의 수압, 수기압 또는 기압시험에 대해 참조규격에서 규정한 온도이어야 한다. 시험하는 동안 최소 또는 최대 온도는 적용하는 누설시험 방법 또는 기법에서 허용하는 온도를 초과해서는 안 된다.

T-1044 압력/진공(압력 한계) 이 장의 해당 부록 또는 참조규격에서 규정되지 않는 한, 가압 누설시험하게 될 기기는 설계압력의 25 %를 초과하는 압력에서 시험해서는 안 된다.

T-1050 절차

T-1051 예비 누설시험 정밀 누설시험을 사용하기 전, 큰 누설을 검출하여 제거하기 위해 예비 누설시험을 실시하는 것이 편리할 수 있다. 예비 누설시험은 본 시험을 하는 동안 누설부를 막거나 가리지 않는 방법으로 실시해야 한다.

T-1052 시험 순서 누설시험은 수압시험 또는 수기압시험 전에 실시하여야 한다.

T-1060 교정

T-1061 압력게이지/진공게이지

a) 누설시험에 사용되는 모든 다이알 지시형 및 기록형 게이지는 표준 정하중 시험기, 교정 마스터 게이지 또는 수은주와 비교하여 교정해야 하고, 또한 참조규격 또는 부록에서 별도로 규정하지 않는 한, 사용 중에 최소한 1년에 한번은 재교정해야 한다. 사용되는 모든 게이지는 제조자가 규정한 정밀도 이내로 정확한 결과를 나타내야 하고, 작동에 오류가 있다고 의심되는 경우에는 항상 재교정해야 한다.

b) 다이얼 지시형 또는 기록형 게이지 이외의 게이지가 해당 부록에서 요구되는 경우, 그 게이지는 해당 부록 또는 참조규격의 규정에 따라 교정해야 한다.

T-1062 온도 측정장치 해당 부록 또는 참조규격에서 온도측정이 요구되는 경우, 온도 측정장치는 해당 부록 또는 참조규격의 요건에 따라 교정해야 한다.

T-1063 교정 누설표준

T-1063.1 침투형 누설표준 이 누설표준은 용융 유리 또는 수정을 통과하는 구조를 가진 교정 침투형 누설이어야 한다. 이 누설표준은 $1 \times 10^{-7} \sim 1 \times 10^{-11}$ Pa㎥/s 범위의 헬륨(He) 누설율을 가져야 한다.

T-1063.2 모세관형 누설표준 이 누설표준은 튜브를 통과하는 구조의 교정 모세관형 누설이어야 한다. 이 누설표준은 선택한 추적가스의 실제 % 시험농도에서 요구되는 시험감도 이하의 누설율을 가져야 한다.

T-1070 시험 이 장의 해당 부록을 따른다.

T-1080 평가

T-1081 합격기준 참조규격에서 달리 규정하지 않는 한, 해당 시험법의 각 방법 또는 기법에서 정해진 합격기준을 적용해야 한다. 사용한 방법 또는 기법에서 누설율을 계산하기 위한 보충 누설시험 공식은 이 장의 부록에 기술하였다.

T-1090 문서

T-1091 시험보고서 시험보고서는 최소한 그 방법 또는 기법에 적용되는 다음 정보를 포함해야 한다.

a) 시험일자

b) 시험요원의 성명 및 자격인정 수준

c) 시험절차서(번호) 및 개정번호

d) 시험방법 또는 기법

e) 시험결과

f) 기기의 식별표시

g) 시험장비, 표준누설 및 재료 식별표시

h) 시험조건, 시험압력, 추적가스 및 가스농도

i) 게이지 : 제조자, 모델(model), 범위 및 식별번호

j) 온도 측정장치 및 식별번호

k) 설정된 방법 또는 기법을 나타내는 스케치

T-1092 기록유지 시험보고서는 참조규격의 요건에 따라 보존해야 한다.

강제 부록

부록 I 거품시험-직접가압법

I-1000

I-1010 적용범위 직접가압법에 의한 거품 누설시험의 목적은 누출가스가 기기를 통과하여 새어나올 때 거품이 생기는 용액을 적용하거나 액체 내에 침지시켜 가압된 기기의 누설위치를 찾는 방법이다.

I-1020 일반사항

I-1021 문서화된 절차서

I-1021.1 **요건** T-1021.1, 표 I-1021과 이 장 또는 참조규격(Referencing Code)에서 규정한 다음 사항을 적용해야 한다.

a) 적심시간

b) 압력게이지

c) 시험압력

d) 합격기준

I-1021.2 **절차서 인정** T-1021.3 및 표 I-1021의 요건을 적용해야 한다.

I-1030 장비

I-1031 가스 달리 규정하지 않는 한, 보통 시험가스는 공기이다. 그러나, 불활성가스가 사용될 수도 있다.

비고 : 불활성가스가 사용되는 경우, 산소 결핍으로 인한 안전 측면을 고려하여야 한다.

표 I-1021 직접 가압 거품 누설시험 절차서의 요건

요건	필수 변수	비필수 변수
거품 형성 용액(상표명 또는 종류)	○	
표면온도(비고 참조)(이 장에 규정된 범위를 벗어나는 변화 또는 사전에 인정된 변화)	○	
표면처리 기법	○	
조명강도(이 장에 규정된 범위 이하의 감소 또는 사전에 인정된 감소)	○	
시험요원 능력인정 요건(요구되는 경우)	○	
용액 적용장치		○
가압가스(공기 또는 불활성 가스)		○
시험 후 청소 기법		○
시험요원의 자격인정 요건		○

비고 : 시험하는 동안 최소 금속 표면온도는 수압, 수-기압, 기압시험에 대해 참조규격에서 규정한 온도 이하로 내려가서는 안 된다. 시험하는 동안 최소 또는 최대 온도도 또한 시험방법에 적합해야 한다.

I-1032 거품용액

a) 거품형성 용액은 시험표면으로부터 이탈되지 않는 막을 만들어야 하고, 또한 형성된 거품은 공기의 건조 또는 낮은 표면장력으로 인해 급격히 소멸되지 않아야 한다. 가정용 비눗물 또는 세제는 거품시험 용액으로 대신 사용해서는 안 된다.

b) 거품형성 용액은 시험조건의 온도에 적합한 것이어야 한다.

I-1033 침지용액

a) 물 또는 다른 적절한 용액이 침지용액으로 사용되어야 한다.

b) 침지 용액은 시험조건의 온도에 적합한 것이어야 한다.

I-1070 시험

I-1071 적심시간 시험하기 전, 최소 15분 동안 시험압력을 유지해야 한다.

I-1072 표면온도 표준기법으로서, 시험할 부품의 표면온도는 시험기간 내내 4 ℃ 미만이거나 52 ℃를 초과해서는 안 된다. 시험하는 동안 온도가 4 ℃~52 ℃ 범위 내로 유지된다면 국부가열 또는 냉각이 허용된다. 위의 온도 제한범위를 따를 수 없는 경우, 절차가

실증되는 것을 전제로 다른 온도가 사용될 수 있다.

Ⅰ-1073 **용액의 적용** 거품형성 용액은 시험부위에 용액을 흘리거나, 분무하거나, 솔질하여 시험할 표면에 적용해야 한다. 그러한 적용에 의해 용액에 생기는 거품의 수를 가능한 한 적게 하여 누출로 생긴 거품을 가리지 않도록 해야 한다.

Ⅰ-1074 **용액내의 침지** 판독범위가 침지용액의 액면보다 아래쪽에 위치하여 쉽게 관찰할 수 있는 위치가 되도록 해야 한다.

Ⅰ-1075 **조명 및 시력 보조기구** 시험을 실시할 때, 제9장 T-952 및 T-953의 요건을 적용해야 한다.

Ⅰ-1076 **누출 지시** 재료의 표면에 연속적인 거품성장이 나타나면, 시험 중인 부위에서 관통된 구멍을 통과하는 누출이 존재한다는 것을 나타낸다.

Ⅰ-1077 **시험 후처리** 시험 후, 제품의 사용상 이유로 표면 세척이 요구될 수도 있다.

Ⅰ-1080 **평가**

Ⅰ-1081 **누출** 참조규격에 달리 규정하지 않는 한, 연속적인 거품형성이 관찰되지 않으면 그 시험 부위를 합격으로 한다.

Ⅰ-1082 **수리/재시험** 누출이 관찰되는 경우, 누설 위치를 표시해야 한다. 시험 후 기기를 감압시키고, 참조규격에 따라 누설부를 수리해야 한다. 수리가 완료된 후, 수리 부위(들)는 이 부록의 요건에 따라 재시험해야 한다.

강제 부록

부록 II 거품시험-진공상자법

II-1000

II-1010 적용범위 진공상자법에 의한 거품 누설시험의 목적은 직접 가압할 수 없는 압력 경계부내의 누설위치를 찾는 방법이다. 이 시험방법은 압력 경계부 표면의 국부부위에 거품용액을 적용하고, 압력 경계부의 국부부위에 압력차를 만들어 누출가스가 용액을 통과하여 새어나올 때 거품을 형성하도록 하여 실시한다.

II-1020 일반사항

II-1021 문서화된 절차서

II-1021.1 요건 T-1021.1, 표 II-1021과 이 장 또는 참조규격에서 규정한 다음 사항을 적용해야 한다.

a) 압력게이지
b) 진공시험 압력
c) 진공 유지시간
d) 진공상자 중첩
e) 합격기준

II-1021.2 절차서 인정 T-1021.3 및 표 II-1021의 요건을 적용해야 한다.

II-1030 장비

II-1031 거품용액

a) 거품형성 용액은 시험표면으로부터 이탈되지 않는 막을 만들어야 하고, 또한 형성된 거품은 공기의 건조 또는 낮은 표면장력으로 인해 급격히 소멸되지 않아야 한다. 용액에 존

표 Ⅱ-1021 진공 상자 누설시험 절차서의 요건

요건	필수 변수	비필수 변수
거품 형성 용액(상표명 또는 종류)	○	
표면온도(비고 참조)(이 장에 규정된 범위를 벗어나는 변화 또는 사전에 인정된 변화)	○	
표면처리 기법	○	
조명강도(이 장에 규정된 범위 이하의 감소 또는 사전에 인정된 감소)	○	
시험요원 능력인정 요건(요구되는 경우)	○	
진공상자(크기 및 형상)		○
진공원		○
용액 적용장치		○
시험 후 청소 기법		○
시험요원의 자격인정 요건		○

비고 : 시험하는 동안 최소 금속 표면온도는 수압, 수-기압, 기압시험에 대해 참조규격에서 규정한 온도 이하로 내려가서는 안 된다. 시험하는 동안 최소 또는 최대 온도도 또한 시험방법에 적합해야 한다.

재하는 거품과 누출로 생긴 거품을 구별할 때 발생하는 문제를 줄이기 위해 용액에 포함되는 거품의 수가 최소화되는 것이 바람직하다.

b) 특히 세척용으로 제조된 비눗물 또는 세제를 거품 형성용액으로 사용해서는 안 된다.

c) 거품형성 용액은 시험조건의 온도에 적합한 것이어야 한다.

Ⅱ-1032 진공상자 이 시험방법에 사용되는 진공상자는 간편한 크기(예, 폭 150 ㎜×길이 750 ㎜)의 것으로 개구 저부의 반대쪽 상단면에 유리창을 설치해야 한다. 개구 하단면 가장자리는 시험면과 밀봉이 잘되도록 적절한 개스킷(gasket)을 부착해야 한다. 적절한 접속부, 밸브, 조명 및 게이지가 구비되어야 한다. 게이지는 0 ㎪~103 ㎪의 범위 또는 동등한 압력 단위인 0~762 ㎜Hg의 것이어야 한다. T-1031(a)의 게이지 범위 제한요건은 적용하지 않는다.

Ⅱ-1033 진공원(vaccum source) 공기흡출기(air ejector), 진공펌프(vaccum pump), 기계흡출 분기관(motor intake manifold) 등의 편리한 방법으로 진공상자 내에서 요구되는 진공을 만들 수 있다. 게이지는 대기압보다 최소한 13.8 ㎪가 낮은 부분진공이나 참

조규격에서 요구되는 부분진공을 나타내어야 한다.

Ⅱ-1070 시험

Ⅱ-1071 표면온도 표준기법으로서, 시험할 부품의 표면온도는 시험기간 내내 4 ℃ 미만이거나 52 ℃를 초과해서는 안 된다. 시험하는 동안 온도가 4 ℃~52 ℃ 범위 내로 유지된다면 국부가열 또는 냉각이 허용된다. 위의 온도 제한범위를 따를 수 없는 경우, 절차가 실증되는 것을 전제로 다른 온도가 사용될 수 있다.

Ⅱ-1072 용액의 적용 거품형성 용액은 진공상자를 배치하기 전 시험부위에 용액을 흘리거나, 분무하거나, 솔질하여 시험할 표면에 적용해야 한다.

Ⅱ-1073 진공상자의 배치 시험표면 부위에 도포된 용액 위에 진공상자를 놓고, 요구되는 부분진공까지 진공상자를 진공화시켜야 한다.

Ⅱ-1074 압력(진공)유지 요구되는 부분진공(압력차)은 최소한 10초의 시험시간 동안 유지해야 한다.

Ⅱ-1075 진공상자의 중첩 진공상자의 중첩은 연속되는 각각의 시험에 대해 전회의 시험과 바로 다음 시험간에 최소 50 ㎜가 중첩되어야 한다.

Ⅱ-1076 조명 및 시력 보조기구 시험을 실시할 때, 제9장 T-952 및 T-953의 요건을 적용해야 한다.

Ⅱ-1077 누출 지시 재료 또는 용접부 시임(seam)의 표면에 연속적인 거품성장이 나타나면, 시험 중인 부위에서 관통된 구멍을 통과하는 누출이 존재한다는 것을 나타낸다.

Ⅱ-1078 시험 후처리 시험 후, 제품의 사용상 이유로 표면 세척이 요구될 수도 있다.

Ⅱ-1080 평가

Ⅱ-1081 누출 참조규격에 달리 규정하지 않는 한, 연속적인 거품형성이 관찰되지 않으면 그 시험 부위를 합격으로 한다.

Ⅱ-1082 수리/재시험 누출이 관찰되는 경우, 누설 위치를 표시해야 한다. 시험 후 기기를 감압시키고, 참조규격에 따라 누설부를 수리해야 한다. 수리가 완료된 후, 수리 부위(들)는 이 부록의 요건에 따라 재시험해야 한다.

강제 부록

부록 Ⅲ　할로겐 다이오드 검출기 프로브 시험법

Ⅲ-1000 정교한 전자 할로겐 누설검출기는 매우 높은 감도를 가지고 있다. 이 장치는 압력이 서로 다른 두 영역으로 분리된 싸개(envolope) 또는 장벽에서 매우 작은 구멍의 저압측으로부터 유출되는 할로겐가스를 검출할 수 있다.

Ⅲ-1010 적용범위 이 시험방법은 누설을 검출하여 위치를 탐지하는 반정량적인 방법으로서, 정량적인 방법으로 간주해서는 안 된다.

Ⅲ-1011 알칼리이온 다이오드(가열양극) 할로겐 누설검출기 알칼리이온 다이오드 할로겐 누설검출기 프로브 장치는 할로겐 증기가 양극에서 이온화하고, 그 이온이 음극에 의해 수집되는 가열 백금원소(양극) 및 이온 집적판(음극)의 원리를 이용한다. 이온 형성속도에 비례하는 전류가 계기(meter)에 나타난다.

Ⅲ-1012 전자포획 할로겐 누설검출기 전자포획 할로겐 누설검출기 프로브 장치는 일반적으로 약한 3중 수소 방사성 원소를 통과하는 가스의 이온화에 의해 생성된 저에너지 자유전자에 대해 어떤 분자화합물과의 친화력의 원리를 이용한다. 가스흐름에 할로겐화합물(halide)이 포함되는 경우, 전자포획이 일어나 계기에 나타난 할로겐이온 존재농도의 감소를 일으킨다. 배경가스로는 비전자포획 질소 또는 아르곤이 사용된다.

Ⅲ-1020 일반사항

Ⅲ-1021 문서화된 절차서

Ⅲ-1021.1 요건 T-1021.1, 표 Ⅲ-1021 및 이 장 또는 참조규격에서 규정한 다음 사항을 적용해야 한다.

a) 누설표준

b) 추적가스

c) 추적가스 농도

d) 시험압력

e) 적심시간

f) 주사거리

g) 압력게이지

h) 감도 입증 확인

i) 합격기준

Ⅲ-1021.2 절차서 인정 T-1021.3 및 표 Ⅲ-1021의 요건을 적용해야 한다.

Ⅲ-1030 장비

Ⅲ-1031 추적가스 표 Ⅲ-1031에 나타낸 가스를 추적가스로 사용할 수 있다.

Ⅲ-1031.1 알칼리이온 다이오드의 경우 이 할로겐 누설검출기는 표 Ⅲ-1031에서 추적가스를 선택하여 요구되는 시험감도를 만든다.

Ⅲ-1031.2 전자포획의 경우 이 할로겐 누설검출기는 추적가스로 6-플루오르황화물(SF_6)이 권고된다.

Ⅲ-1032 장치 이 Ⅲ-1011 또는 Ⅲ-1012에 규정한 전자 누설검출기가 사용되어야 한다. 누출은 다음 중 하나 이상의 신호장치로 나타내어야 한다.

a) **계기(meter)** 시험장치 또는 프로브 혹은 둘 다에 있는 계기

b) **음향장치** 가청 지시음을 방출하는 스피커(speaker) 또는 헤드폰(headphone)

c) **표시등** 육안 표시등

Ⅲ-1033 모세관 교정 누설표준 이 Ⅲ-1031에 따라 선택한 100 % 추적가스를 사용하여 T-1063.2에 따른 모세관 교정 누설표준.

표 Ⅲ-1021 할로겐 다이오드 검출기 프로브시험 절차서의 요건

요건	필수 변수	비필수 변수
장치 제조자 및 모델	○	
금속온도(비고 참조)(이 장에 규정된 범위를 벗어나는 변화 또는 사전에 인정된 변화)	○	
표면처리 기법	○	
시험요원 능력인정 요건(요구되는 경우)	○	
주사속도(시스템 교정동안 실증된 최대 속도)		○
가압가스(공기 또는 불활성 가스)		○
주사방향		○
신호 발생장치		○
시험 후 청소 기법		○
시험요원의 자격인정 요건		○

비고 : 시험하는 동안 최소 금속 표면온도는 수압, 수-기압, 기압시험에 대해 참조규격에서 규정한 온도 이하로 내려가서는 안 된다. 시험하는 동안 최소 또는 최대 온도도 또한 시험방법에 적합해야 한다.

표 Ⅲ-1031 추적가스

상품명	화학명	화학기호
냉매-11(R-11)	Trichloromonofluoromethane	CCl_3F
냉매-12(R-12)	Dichlorodifluoromethane	CCl_2F_2
냉매-21(R-21)	Dichloromonofluoromethane	$CHCl_2F$
냉매-22(R-22)	Chlorodifluoromethane	$CHClF_2$
냉매-114(R-114)	Dichlorotetrafluoroethane	$C_2Cl_2F_4$
냉매-134a(R-134a)	Tetrafluoroethane	$C_2H_2F_4$
염화메틸렌	Dichloromethane	CH_2Cl_2
플루오르황화물	Sulfur Hexafluroride	SF_6

Ⅲ-1060 교정

Ⅲ-1061 표준 누설량 이 Ⅲ-1063에서 사용하기 위해 100 % 추적가스 농도를 포함하는 이 부록 3.3에 규정된 누설표준의 최대 누설율 Q는 다음과 같이 계산해야 한다.

$$Q = Q_s \frac{\% TG}{100}$$

여기서, 참조규격에서 달리 규정하지 않는 한, Q_s는 1×10^{-5} Pam³/s이다. 또한 $\% TG$는 시험에 사용되는 추적가스의 농도(%)이다(이 Ⅲ-1072 참조).

Ⅲ-1062 예열 누설표준으로 교정하기 전에 검출기는 장비제조자가 규정한 최소 시간동안 예열을 해야 한다.

Ⅲ-1063 주사속도 장치는 이 Ⅲ-1061의 누설표준의 구멍을 가로질러 프로브 팁(tip)을 통과시킴으로서 교정해야 한다. 프로브 팁은 누설표준 구멍으로부터 3.2 ㎜ 이내로 유지해야 한다. 주사속도는 누설표준으로부터 누설율 Q를 검출할 수 있는 속도를 초과해서는 안 된다. 계기 변화를 기록하거나, 가청경보 또는 기시계 조명을 이 주사속도에 맞춰 설정해야 한다.

Ⅲ-1064 검출시간 누설표준으로부터 누출을 검출하는데 걸리는 시간이 검출시간이며, 시스템을 교정하는 동안 관찰하는 것이 바람직하다. 보통 검출된 누출지점을 정확히 지적하는데 걸리는 시간을 줄이기 위해 가능한 한 검출시간을 짧게 유지하여야 한다.

Ⅲ-1065 교정주기 및 감도 참조규격에서 달리 규정하지 않는 한, 검출기의 감도는 시험 전·후와 시험하는 동안 4시간 간격을 넘지 않고 측정해야 한다. 임의의 교정 점검동안, 검출기가 이 Ⅲ-1061의 누설표준으로부터 누출을 검출할 수 없다는 것이 계기 변화, 가청경보 또는 기시계 조명이 나타나면, 장치를 재교정해야 하고, 최종 교정 점검 후에 시험한 부위를 재시험해야 한다.

Ⅲ-1070 시험

Ⅲ-1071 시험 장소

a) 시험부위는 시험을 방해하거나 잘못된 결과를 줄 수 있는 오염물질이 없어야 한다.
b) 가능한 한, 시험할 기기는 외풍(draft)으로부터 보호되어야 하고, 외풍이 시험의 요구 감도를 감소하지 않는 지역에 위치해야 한다.

Ⅲ-1072 추적가스의 농도 참조규격에서 달리 규정하지 않는 한, 추적가스의 농도는 시험압력에서 최소한 체적의 10 %는 되어야 한다.

Ⅲ-1073 적심시간 시험하기 전, 시험압력을 최소 30분 동안 유지해야 한다. 실증되었을

때, 다음과 같은 경우 할로겐 가스의 즉각적인 확산으로 인해 위에 규정된 최소 허용 적심 시간 미만일 수 있다.

a) 좁은 구획을 시험하기 위해 특수한 임시장치(부착상자와 같은)를 개방된 기기에 사용하는 경우

b) 할로겐 가스로 초기 가압하기 전에 기기를 부분적으로 진공화시키는 경우

Ⅲ-1074 주사거리 이 Ⅲ-1073에 따라 요구되는 적심시간 후, 검출기 프로드 팁을 시험표면위로 이동시켜야 한다. 프로브 팁은 주사하는 동안 시험표면으로부터 3.2 ㎜ 이내로 유지해야 한다. 교정하는 동안 좀더 짧은 주사거리가 사용되었다면, 주사거리는 시험주사 하는 동안 그 간격을 초과해서는 안 된다.

Ⅲ-1075 주사속도 최대 주사속도는 이 Ⅲ-1063의 결정에 따라야 한다.

Ⅲ-1076 주사방향 시험주사는 누설시험하는 시스템의 최상부에서 시작하여 점진적으로 아래쪽으로 주사하여야 한다.

Ⅲ-1077 누출의 검출 누출은 이 Ⅲ-1032에 따라 나타내고 검출되어야 한다.

Ⅲ-1078 적용 다음은 사용하는 2가지 적용 예이다(다른 적용법도 사용될 수 있는 것에 주의한다).

Ⅲ-1078.1 튜브시험 튜브형 열교환기를 시험할 때 튜브 벽을 관통하는 누설을 검출하기 위하여, 검출기 프로브 팁을 각 튜브 끝 안으로 삽입하고, 실증에 의해 설정된 기간 동안 유지해야 한다. 시험주사는 튜브시이트의 튜브열의 최상부에서 시작하여 점진적으로 아래쪽으로 주사하여야 한다.

Ⅲ-1078.2 튜브-튜브시이트(tube-tubesheet) 이음부시험 튜브-튜브시이트 이음부는 캡슐 방법으로 시험할 수 있다. 캡슐은 프로브 팁에 부착된 소구경 끝단부와 튜브-튜브시이트 이음부위에 위치한 대구경 끝단부가 있는 깔대기(funnel)형으로 되어 있다. 이 캡슐이 사용되는 경우, 검출시간은 누설표준의 구멍에 캡슐을 설치하고 장비 응답표시에 필요한 시간을 보고 결정한다.

Ⅲ-1080 평가

Ⅲ-1081 누출 참조규격에 달리 규정하지 않는 한, 1×10^{-5} Pam³/s의 허용 누설율을 초과하는 누출이 검출되지 않으면 그 시험 부위를 합격으로 한다.

Ⅲ-1082 수리/재시험 누출이 검출되는 경우, 누설 위치를 표시해야 한다. 시험 후 기기를 감압시키고, 참조규격에 따라 누설부를 수리해야 한다. 수리가 완료된 후, 수리 부위(들)는 이 부록의 요건에 따라 재시험해야 한다.

강제 부록

부록 Ⅳ 헬륨 질량분광기 시험-검출기 프로브법

Ⅳ-1000 개요

Ⅳ-1010 적용범위 이 시험기법은 가압된 기기 내의 미량의 헬륨 가스를 검출하기 위한 헬륨 질량분광기의 사용방법을 규정한다. 이 고감도 누설검출기는 압력이 서로 다른 두 영역으로 분리된 싸개 또는 장벽 내에서 매우 작은 구멍의 저압측으로부터 유출되는 헬륨가스를 검출하거나, 임의의 혼합가스내의 헬륨의 존재를 측정할 수 있다.

이 시험방법은 누설을 검출하여 위치를 탐지하는 반정량적인 방법으로서, 정량적인 방법으로 간주해서는 안 된다.

Ⅳ-1020 일반사항

Ⅳ-1021 문서화된 절차서

Ⅳ-1021.1 **요건** T-1021.1, 표 Ⅳ-1021 및 이 장 또는 참조규격에서 규정한 다음 사항을 적용해야 한다.

a) 장치 누설표준
b) 시스템 누설표준
c) 추적가스
d) 추적가스 농도
e) 시험압력
f) 적심시간
g) 주사거리
h) 압력게이지
i) 감도 입증 확인
j) 합격기준

IV-1021.2 **절차서 인정** T-1021.3 및 표 IV-1021의 요건을 적용해야 한다.

IV-1030 장비

IV-1031 장치 미량의 헬륨을 감지하여 측정할 수 있는 헬륨 질량분광기 누설검출기가 사용되어야 한다. 누출은 다음 중 하나 이상의 신호장치로 나타내어야 한다.

a) **계기(meter)** 시험장치에 있거나 부착된 계기

b) **음향장치** 가청 지시음을 방출하는 스피커(speaker) 또는 헤드폰(headphone)

c) **표시등** 육안 표시등

IV-1032 보조장비

a) **변압기** 선 전압이 변동되기 쉬운 경우, 정전압 변압기를 장치와 연결하여 사용해야 한다.

b) **검출기 프로브** 시험할 모든 부위는 유연성이 있는 튜브 또는 호스(hose)로 장비에 연결된 검출기 프로브(추적자)를 이용하여 누설여부를 주사해야 한다. 긴 튜브 또는 호스 길이에 대해 응답시간 또는 정화시간이 단축될 수 있도록 시험 설정을 특별히 설계하지 않는 한, 장치 응답시간 또는 정화시간을 줄이기 위하여 튜브 또는 호스길이는 4.6 m 미만이어야 한다.

표 IV-1021 할로겐 다이오드 검출기 프로브시험 절차서의 요건

요건	필수 변수	비필수 변수
장치 제조자 및 모델	○	
금속온도(비고 참조)(이 장에 규정된 범위를 벗어나는 변화 또는 사전에 인정된 변화)	○	
표면처리 기법	○	
시험요원 능력인정 요건(요구되는 경우)	○	
주사속도(시스템 교정동안 실증된 최대 속도)		○
가압가스(공기 또는 불활성 가스)		○
주사방향		○
신호 발생장치		○
시험 후 청소 기법		○
시험요원의 자격인정 요건		○

비고 : 시험하는 동안 최소 금속 표면온도는 수압, 수-기압, 기압시험에 대해 참조규격에서 규정한 온도 이하로 내려가서는 안 된다. 시험하는 동안 최소 또는 최대 온도도 또한 시험방법에 적합해야 한다.

Ⅳ-1033 교정 누설표준 교정 누설표준은 T-1063.1 및 T-1063.2에 따른 침투형 또는 모세관형 교정 누설표준으로 할 수 있다. 사용되는 누설표준의 종류는 장치 또는 시스템 감도요건에 따라 설정하거나, 참조규격에 따라 설정해야 한다.

Ⅳ-1060 교정

Ⅳ-1061 장치 교정

Ⅳ-1061.1 예열 누설표준으로 교정하기 전에 장치는 장비제조자가 규정한 최소 시간동안 예열을 해야 한다.

Ⅳ-1061.2 교정 장치가 최적화되거나 적합한 감도에 있도록 설정하기 위해 T-1063.1에 규정한 침투형 누설표준을 사용하여 장비 제조자의 운전 및 유지 설명서에 따라 헬륨 질량분광기를 교정한다. 장치는 헬륨에 대해 최소한 1×10^{-10} Pa㎥/s의 감도를 가져야 한다.

Ⅳ-1062 시스템 교정

Ⅳ-1062.1 **표준 누설량** 이 Ⅳ-1062.2에서 사용하기 위해 100 % 헬륨 농도를 포함하는 이 Ⅳ-1033에 규정된 누설표준의 최대 누설율 Q는 다음과 같이 계산해야 한다.

$$Q = Q_s \frac{\% TG}{100}$$

여기서, 참조규격에서 달리 규정하지 않는 한 Q_s는 1×10^{-5} Pa㎥/s이다. 또한 $\% TG$는 시험에 사용되는 추적가스의 농도(%)이다(이 Ⅳ-1072 참조).

Ⅳ-1062.2 **주사속도** 검출기 프로브를 장치에 연결한 후, 시스템은 이 Ⅳ-1062.1의 누설표준의 구멍을 가로질러 프로브 팁(tip)을 통과시킴으로서 교정해야 한다. 프로브 팁은 누설표준 구멍으로부터 3.2 ㎜ 이내로 유지해야 한다. 주사속도는 누설표준으로부터 누설율 Q를 검출할 수 있는 속도를 초과해서는 안 된다. 계기 변화를 기록하거나, 가청경보 또는 기시계 조명을 이 주사속도에 맞춰 설정해야 한다.

Ⅳ-1062.3 **검출시간** 누설표준으로부터 누출을 검출하는데 걸리는 시간이 검출시간이며, 시스템 교정동안 관찰하여야 한다. 보통 검출된 누출부를 정확히 지적하는데 걸리는 시간을 줄이기 위해 가능한 한 검출시간을 짧게 유지하여야 한다.

Ⅳ-1062.4 **교정주기 및 감도** 참조규격에서 달리 규정하지 않는 한, 시스템의 감도는 시험 전·후와 시험하는 동안 4시간 간격을 넘지 않고 측정해야 한다. 임의의 교정 점검동안, 시스템이 이 Ⅳ-1062.2의 누설표준으로부터 누출을 검출할 수 없다는 것이 계기 변화, 가청경보 또는 기시계 조명이 나타나면, 장치를 재교정해야 하고, 최종 교정 점검 후에 시험한 부위를 재시험해야 한다.

Ⅳ-1070 시험

Ⅳ-1071 **시험 장소** 가능한 한, 시험할 기기는 외풍(draft)으로부터 보호되어야 하고, 외풍이 시험의 요구 감도를 감소시키지 않는 지역에 위치해야 한다.

Ⅳ-1072 **추적가스의 농도** 참조규격에서 달리 규정하지 않는 한, 추적가스의 농도는 시험압력에서 최소한 체적의 10 %는 되어야 한다.

Ⅳ-1073 **적심시간** 시험하기 전, 시험압력을 최소 30분 동안 유지해야 한다. 실증되었을 때, 다음과 같은 경우 할로겐 가스의 즉각적인 확산으로 인해 위에 규정된 최소 허용 적심시간 미만일 수 있다.

a) 좁은 구획을 시험하기 위해 특수한 임시장치(부착상자와 같은)를 개방된 기기에 사용하는 경우

b) 헬륨 가스로 초기 가압하기 전에 기기를 부분적으로 진공화시키는 경우

Ⅳ-1074 **주사거리** 이 Ⅳ-1073에 따라 요구되는 적심시간 후, 검출기 프로드 팁을 시험표면위로 이동시켜야 한다. 프로브 팁은 주사하는 동안 시험표면으로부터 3.2 ㎜ 이내로 유지해야 한다. 교정하는 동안 좀더 짧은 주사거리가 사용되었다면, 주사거리는 시험주사 하는 동안 그 간격을 초과해서는 안 된다.

Ⅳ-1075 **주사속도** 최대 주사속도는 이 Ⅳ-1062.2의 결정에 따라야 한다.

Ⅳ-1076 **주사방향** 시험주사는 누설시험하는 시스템의 최상부에서 시작하여 점진적으로 아래쪽으로 주사하여야 한다.

Ⅳ-1077 누출의 검출 누출은 이 Ⅳ-1031에 따라 나타내고 검출되어야 한다.

Ⅳ-1078 적용 다음은 사용하는 2가지 적용 예이다(다른 적용법도 사용될 수 있는 것에 주의한다).

Ⅳ-1078.1 튜브시험 튜브형 열교환기를 시험할 때 튜브 벽을 관통하는 누설을 검출하기 위하여, 검출기 프로브 팁을 각 튜브 끝 안으로 삽입하고, 실증에 의해 설정된 기간 동안 유지해야 한다. 시험주사는 튜브시이트의 튜브열의 최상부에서 시작하여 점진적으로 위쪽으로 주사하여야 한다.

Ⅳ-1078.2 튜브-튜브시이트 이음부시험 튜브-튜브시이트 이음부는 캡슐(encapsulator) 방법으로 시험할 수 있다. 캡슐은 프로브 팁에 부착된 소구경 끝단부와 튜브-튜브시이트 이음부위에 위치한 대구경 끝단부가 있는 깔대기(funnel)형으로 되어 있다. 이 캡슐이 사용되는 경우, 검출시간은 누설표준의 구멍에 캡슐을 설치하고 장비 응답표시에 필요한 시간을 보고 결정한다.

Ⅳ-1080 평가

Ⅳ-1081 누출 참조규격에 달리 규정하지 않는 한, 1×10^{-5} Pa㎥/s의 허용 누설율을 초과하는 누출이 검출되지 않으면 그 시험 부위를 합격으로 한다.

Ⅳ-1082 수리/재시험 부적합한 누출이 검출되는 경우, 누설 위치를 표시해야 한다. 시험 후 기기를 감압시키고, 참조규격에 따라 누설부를 수리해야 한다. 수리가 완료된 후, 수리부위(들)는 이 부록의 요건에 따라 재시험해야 한다.

강제 부록

부록 V 헬륨 질량분광기 시험-추적자 프로브법

V-1010 적용범위 이 시험기법은 진공시킨 기기 내의 미량의 헬륨가스를 검출하기 위한 헬륨 질량분광기의 사용방법을 규정한다.

추적자 프로브 시험법의 경우, 이 고감도 누설검출기는 압력이 서로 다른 두 영역으로 분리된 진공싸개 또는 장벽에서 매우 작은 구멍의 고압측으로부터 유출되는 헬륨가스를 검출하여 위치탐지를 가능하게 한다.

이 시험방법은 반정량적인 방법으로서, 정량적인 방법으로 간주해서는 안 된다.

V-1020 일반사항

V-1021 문서화된 절차서

V-1021.1 요건 T-1021.1, 표 V-1021 및 이 장 또는 참조규격에서 규정한 다음 사항을 적용해야 한다.

a) 장치 누설표준
b) 시스템 누설표준
c) 추적가스
d) 진공시험 압력
e) 진공측정
f) 적심시간
g) 주사거리
h) 감도 입증 확인
i) 합격기준

V-1021.2 절차서 인정 T-1021.3 및 표 V-1021의 요건을 적용해야 한다.

표 V-1021 헬륨 질량분광기 추적자 브로브시험 절차서의 요건

요건	필수 변수	비필수 변수
장치 제조자 및 모델	○	
금속온도(비고 참조)(이 장에 규정된 범위를 벗어나는 변화 또는 사전에 인정된 변화)	○	
표면처리 기법	○	
추적자 프로브 제조자 및 모델	○	
시험요원 능력인정 요건(요구되는 경우)	○	
추적자 프로브 유속(시스템 교정동안 실증된 최소 속도)		○
주사속도(시스템 교정동안 실증된 최대 속도)		○
주사방향		○
신호 발생장치		○
진공 펌핑(pumping) 시스템		○
시험 후 청소 기법		○
시험요원의 자격인정 요건		○

비고 : 시험하는 동안 최소 금속 표면온도는 수압, 수-기압, 기압시험에 대해 참조규격에서 규정한 온도 이하로 내려가서는 안 된다. 시험하는 동안 최소 또는 최대 온도도 또한 시험방법에 적합해야 한다.

V-1030 장비

V-1031 **장치** 미량의 헬륨을 감지하여 측정할 수 있는 헬륨 질량분광기 누설검출기가 사용되어야 한다. 누출은 다음 중 하나 이상의 신호장치로 나타내어야 한다.

a) **계기(meter)** 시험장치에 있거나 부착된 계기

b) **음향장치** 가청 지시음을 방출하는 스피커(speaker) 또는 헤드폰(headphone)

c) **표시등** 육안 표시등

V-1032 보조장비

a) **변압기** 선 전압이 변동되기 쉬운 경우, 정전압 변압기를 장치와 연결하여 사용해야 한다.

b) **보조 펌프시스템** 시험시스템의 크기가 보조 진공 펌프시스템의 사용을 필요로 할 때, 최종 절대압과 그 시스템 펌프의 속도능력은 요구되는 시험감도 및 응답시간을 얻는데 충분해야 한다.

c) **매니폴드(manifold)** 장치게이지, 보조펌프, 교정 누설표준 및 시험 기기와 적절히 접

속된 파이프 및 밸브로 구성된 시스템.

d) **추적자 프로브** 헬륨가스의 미세한 흐름 방향을 찾기 위해 다른 쪽 끝에 밸브형 미세 구멍이 있는 100 % 헬륨원과 접속된 튜브.

e) **진공게이지** 진공시킨 시스템이 시험되는 동안 그 절대압을 측정할 수 있는 진공게이지. 대형시스템용 게이지는 펌프시스템의 입구로부터 가능한 한 떨어진 시스템에 배치해야 한다.

V-1033 교정 누설표준 참조규격에서 달리 규정하지 않는 한, 최대 헬륨 누설율이 1×10^{-6} Pa㎥/s인 T-1063.2에 따른 모세관형 교정 누설표준이 사용되어야 한다.

V-1060 교정

V-1061 장치 교정

V-1061.1 **예열** 누설표준으로 교정하기 전에 장치는 장비제조자가 규정한 최소 시간동안 예열을 해야 한다.

V-1061.2 **교정** 장치가 최적화되거나 적합한 감도에 있도록 설정하기 위해 T-1063.1에 규정한 침투형 누설표준을 사용하여 장비 제조자의 운전 및 유지 설명서에 따라 헬륨 질량분광기를 교정한다. 장치는 헬륨에 대해 최소한 1×10^{-10} Pa㎥/s의 감도를 가져야 한다.

V-1062 시스템 교정

V-1062.1 **표준 누설량** 이 V-1033에서 규정한 교정 누설표준은 장치 접속부에서 기기까지의 사이를 가능한 한 멀리 떨어지게 하여 기기에 접속시켜야 한다. 누설표준은 시스템 교정동안 개방되어 있어야 한다.

V-1062.2 **주사속도** 헬륨 질량분광기를 시스템에 접속하기 충분한 절대압까지 진공시킨 기기의 경우, 시스템은 누설표준의 구멍을 가로질러 추적자 프로브 팁(tip)을 통과시킴으로서 시험을 위한 교정을 해야 한다. 프로브 팁은 누설표준 구멍으로부터 6 ㎜ 이내로 유지해야 한다. 헬륨 100 %의 추적자 프로브로부터 유출율이 알려진 경우, 주사속도는 시험시스템내의 교정 누설표준을 통해 누출을 검출할 수 있는 속도를 초과해

서는 안 된다.

V-1062.3 **검출시간** 누설표준으로부터 누출을 검출하는데 걸리는 시간이 검출시간이며, 시스템 교정동안 관찰하여야 한다. 보통 검출된 누출부를 정확히 지적하는데 걸리는 시간을 줄이기 위해 가능한 한 검출시간을 짧게 유지하여야 한다.

V-1062.4 **교정주기 및 감도** 참조규격에서 달리 규정하지 않는 한, 시스템의 감도는 시험 전·후와 시험하는 동안 4시간 간격을 넘지 않고 측정해야 한다. 임의의 교정 점검동안, 시스템이 이 V-1062.2의 누설표준으로부터 누출을 검출할 수 없다는 것이 계기 변화, 가청경보 또는 기시계 조명이 나타나면, 장치를 재교정해야 하고, 최종 교정 점검 후에 시험한 부위를 재시험해야 한다.

V-1070 **시험**

V-1071 **주사속도** 최대 주사속도는 이 V-1062.2의 결정에 따라야 한다.

V-1072 **주사방향** 시험주사는 누설시험하는 시스템의 최상부에서 시작하여 점진적으로 아래쪽으로 주사하여야 한다.

V-1073 **주사거리** 추적자 프로브 팁은 주사하는 동안 시험표면으로부터 6 ㎜ 이내로 유지해야 한다. 교정하는 동안 좀더 짧은 주사거리가 사용되었다면, 주사거리는 시험주사 하는 동안 그 간격을 초과해서는 안 된다.

V-1074 **누출의 검출** 누출은 이 V-1031에 따라 나타내고 검출되어야 한다.

V-1075 **유출율** 최소 유출율은 이 부록 V-1062.2를 따라야 한다.

V-1080 **평가**

V-1081 **누출** 참조규격에 달리 규정하지 않는 한, 1×10^{-6} Pa㎥/s의 허용 누설율을 초과하는 누출이 검출되지 않으면 그 시험 부위를 합격으로 한다.

V-1082 수리/재시험 부적합한 누출이 검출되는 경우, 누설 위치를 표시해야 한다. 시험 후 기기를 감압시키고, 참조규격에 따라 누설부를 수리해야 한다. 수리가 완료된 후, 수리 부위(들)는 이 부록의 요건에 따라 재시험해야 한다.

강제 부록

부록 VI 압력변화 시험법

VI-1010 적용범위 이 시험기법은 어떤 특정한 압력 또는 진공에서 밀폐된 기기 또는 시스템의 경계부에 누출율을 측정하는 기법을 규정한다. 압력유지, 절대압력, 압력의 지속, 압력손실, 압력감쇠, 압력상승 및 진공유지는 압력변화시험이 누출율을 측정하는 수단으로 규정될 때마다 사용될 수 있는 기법의 예이다. 시험은 단위시간당 압력 또는 체적 %의 최대허용변화나 단위시간당 질량변화를 규정한다.

VI-1020 일반사항

VI-1021 문서화된 절차서

VI-1021.1 요건 T-1021.1, 표 VI-1021과 이 장 또는 참조규격에서 규정한 다음 사항을 적용해야 한다.

a) 가압시험/진공시험 압력

b) 적심시간

c) 시험시간

d) 기록간격

e) 합격기준

VI-1021.2 절차서 인정 T-1021.3 및 표 VI-1021의 요건을 적용해야 한다.

VI-1030 장비

VI-1031 압력측정장치

a) **게이지 범위** 다이알 지시형 또는 기록형 게이지는 T-1031a)의 요건을 만족해야 한다. 액체 압력계(manometer) 또는 수정 부르돈관(Bourdon tube) 게이지는 전 범위에서 사용될 수 있다.

표 VI-1021 압력변화시험 절차서의 요건

요건	필수 변수	비필수 변수
압력 또는 진공 게이지 제조자 및 모델	○	
금속온도(비고 참조)(이 장에 규정된 범위를 벗어나는 변화 또는 사전에 인정된 변화)	○	
표면처리 기법	○	
온도 측정 장치 제조자 및 모델(적용되는 경우)	○	
시험요원 능력인정 요건(요구되는 경우)	○	
진공 펌핑(pumping) 시스템(요구되는 경우)		○
시험 후 청소 기법		○
시험요원의 자격인정 요건		○

비고 : 시험하는 동안 최소 금속 표면온도는 수압, 수-기압, 기압시험에 대해 참조규격에서 규정한 온도 이하로 내려가서는 안 된다. 시험하는 동안 최소 또는 최대 온도도 또한 시험방법에 적합해야 한다.

b) **게이지 위치** 게이지 위치는 T-1031b)의 규정에 따라야 한다.

c) **게이지 종류** 일반 게이지 또는 절대 게이지를 압력변화시험에서 사용할 수 있다. 보다 높은 정밀도가 요구되는 경우, 수정 부르돈관 게이지 또는 액체 압력계가 사용될 수 있다. 게이지는 합격기준에 적합한 정밀도, 분해능 및 반복성을 가져야 한다.

VI-1032 온도 측정장치 건구온도 측정장치 또는 이슬점온도 측정장치가 사용되는 경우 누출율 합격기준에 적합한 정밀도, 반복성 및 분해능을 가져야 한다.

VI-1060 교정

VI-1061 압력 측정장치 모든 다이알 지시형 게이지, 다이알 기록형 게이지 및 부르돈관 게이지는 T-1061b)에 따라 교정해야 한다. 액체 압력계의 눈금은 국가표준이 있는 경우 그 국가표준에 추적 가능한 표준기로 교정해야 한다.

VI-1062 온도 측정장치 건구 온도 측정장치 또는 이슬점 온도 측정장치에 대한 교정은 국가표준이 있는 경우 그 국가표준으로 추적 가능한 표준기로 교정해야 한다.

Ⅵ-1070 시험

Ⅵ-1071 압력의 적용 대기압 이상의 압력으로 시험하는 기기는 T-1044에 따라 가압해야 한다.

Ⅵ-1072 진공의 적용 진공하에서 시험하는 기기는 최소한 대기압 이하 13.8 ㎪까지 또는 참조규격에서 요구하는 대로 진공화시켜야 한다.

Ⅵ-1073 시험 유지시간 시험압력(또는 진공)은 참조규격에서 규정한 시간 동안 유지하거나, 규정되지 않았다면 유지시간은 참조규격에서 요구되는 정밀도 또는 신뢰도 한도내의 기기 시스템의 누출율을 정하기에 충분해야 한다. 매우 작은 기기 또는 시스템의 경우, 분 단위의 시험 유지시간이면 충분할 것이다. 온도 및 수증기 보정이 필요한 대형 기기 또는 시스템의 경우, 많은 시간 단위의 시험 유지시간이 필요하다.

Ⅵ-1074 소형 가압시스템 시스템(금속) 온도만을 측정할 수 있는 개스킷 공간과 같은 매우 작은 가압시스템의 온도를 안정시키는 경우, 가압 완료 후에서부터 시험 시작 전까지 최소한 15분은 유지해야 한다.

Ⅵ-1075 대형 가압시스템 가압 완료 후 내부 가스온도가 측정되는 대형 가압시스템의 온도를 안정시키는 경우, 시험 시작 전에 내부 가스온도가 안정된 것을 확인해야 한다.

Ⅵ-1076 시험의 시작 시험 시점에서, 초기의 온도 및 압력(진공)을 기록해야 하고, 그 후 규정된 시험 유지시간의 종료시까지 60분을 초과하지 않는 일정한 간격으로 값을 기록해야 한다.

Ⅵ-1077 필수 변수

a) 기압계의 압력변화에 대한 보상이 요구되는 경우, 절대압력 게이지 또는 일반적인 압력 게이지 및 기압계(barometer)로 시험압력을 측정해야 한다.

b) 참조규격에서 요구되는 경우나 수증기 압력변화가 시험결과에 큰 영향을 미치는 경우, 내부 이슬점 온도 또는 상대 습도가 측정되어야 한다.

VI-1080 **평가**

VI-1081 **합격 시험** 압력변화 또는 누출율이 참조규격의 규정 이하인 경우, 그 시험은 합격이다.

VI-1082 **불합격 시험** 압력변화 또는 누출율이 참조규격의 규정을 초과하는 경우, 그 시험의 결과는 불합격이다. 누설위치는 강제 부록에서 규정한 다른 방법으로 결정한다. 규정을 초과하는 압력변화 및 누출율의 원인을 참조규격에 따라 판정하고 수리한 후, 원래의 시험을 반복한다.

강제 부록

부록 Ⅶ 누설시험 용어정의

Ⅶ-1010 적용범위 이 강제 부록은 제10장에서 나타낸 표준용어를 정하고 용어를 정의할 목적으로 사용된다.

Ⅶ-1020 일반요건

a) 비파괴시험에 대한 표준 용어 정의(ASTM E 1316)는 위원회에 의해 SE-1316으로 채택되었다.

b) SE-1316의 8.항은 Ⅶ-1030d)에 열거한 용어 정의를 제공한다.

c) 불연속부(discontinuity), 평가(evaluation), 흠(flaw), 지시(indication), 검사(inspection)등과 같은 일반용어의 경우, Article 1 강제부록 Ⅰ에 언급하였다.

d) 다음 SE-1316 용어는 이 Article과 연계하여 사용된다.

절대압(absolute pressure), 배경신호(background signal), 게이지 압력(gage pressure), 가스(gas), 할로겐(halogen), 할로겐 누설검출기(halogen leak dectector), 후드시험(hood test), 누설(leak), 누출율(leakage rate), 누설시험(leak testing), 질량분광기(mass spectrometer), 질량분광 누설검출기(mass spectrometer leak detector), 샘플링 프로브(sampling probe), 표준 누설(standard leak), 추적가스(tracer gas), 진공(vacuum)

e) Ⅶ-830b)는 SE-1316에 추가되고 Code specific인 용어 및 정의의 목록을 제공한다.

배경 눈금값background reading) d)의 배경신호(background signal) 참조

교정 누설표준(calibration leak standard) d)의 표준누설(standard leak) 참조

검출기 프로브(detector probe) d)의 샘플링 프로브(sampling probe) 참조

이슬점 온도(dew point temperature) 시스템내의 가스가 더 이상 수증기를 가질 수 있고, 이슬 형태의 응축이 일어나는 온도.

건구온도(dry bulb temperature) 시스템내의 주변 가스의 온도.

할로겐 다이오드 검출기(halogen diode dectector) d)의 할로겐 누설검출기(halogen leak dectector) 참조

헬륨 질량분광기(helium mass spectrometer) d)의 질량분광기(mass spectrometer), 질량분광 누설검출기(mass spectrometer leak detector) 참조

후드기법(hood techinque) d)의 후드시험(hood test) 참조

침지조(immersion bath) 누설부위에서 형성되는 누설을 검출하기 위해 가스를 채운 시험체를 가라앉히는 표면장력이 낮은 액체.

침지용액(immersion solution) d)의 침지조(immersion bath) 참조

불활성 가스(inert gas) 다른 물질과 혼합되는 것이 어려운 가스. 예, 헬륨, 네온 및 아르곤.

장치교정(instrument calibration) 누설검출기가 누설 지시계 눈금 상의 특별한 눈금분할에 대해 지시를 나타낼 수 있는 특정 압력 및 온도에서 특별한 가스의 최소 누출율 크기를 측정할 목적으로 격리된 누설검출기 안으로 알고 있는 크기의 표준누설을 이용하여 누설표준을 도입하는 행위.

누출(leakage)

누설표준(leak standard) d)의 표준누설(standard leak) 참조

수정 부르돈관 게이지(quartz Bourdon tube gage) 이 고정밀 게이지는 서보눌링(servonulling) 차압을 측정하는 전자장치이다. 압력변환 요소는 하나로 용융된 수정 부르돈 인자이다.

조정압력(regular pressure) d)의 게이지 압력(gage pressure) 참조

감도(sensitivity) 사용된 누설시험 장치, 방법 또는 기법으로 명확히 검출될 수 있는 누설율의 최소 크기.

적심시간(soak time) 원하는 차압이 시스템에서 얻어질 때의 시간과 시험 기법이 누출을 검출하거나 누출율을 측정하기 위해 실시할 때의 시간 사이의 경과시간.

표준 정하중 시험기(standard dead weght tester) 게이지를 교정하기 위한 목적으로 압력게이지의 읽은 값에 대해 알고 있는 고정밀도 추에 압력을 유압으로 균형을 맞추는 장치.

시스템 교정(system calibration) 시험시스템의 일부로서의 누설검출기가 누설 지시계 눈금상의 특별한 눈금분할에 대해 나타낼 수 있는 특정 압력 및 온도에서 특별한 가스의 최소 누출율 크기를 측정할 목적으로 누설검출기와 함께 시험시스템 안으로 알

고 있는 크기의 표준누설을 이용하여 누설표준을 도입하는 행위.

열전도 검출기(thermal conductivity detector) 시료가스 및 배경 대기 값을 "0"으로 하는데 사용되는 열전도 차이에 응답하는 누설검출기.

진공 상자(vacuum box) 직접적으로 가압할 수 없는 용접부를 가로질러 차압을 얻는데 사용하는 장치. 대형 관찰창, 안착 및 밀봉이 특별히 쉬운 개스킷, 게이지와 공기 배출기, 진공펌프 또는 공기흡입 매니폴드를 위한 밸브 접속부로 구성된다.

강제 부록

부록 Ⅷ 누열전도 검출기 프로브 시험법

Ⅷ-1000 개요 이 시험기법은 압력이 서로 다른 두 영역으로 분리된 싸개 또는 장벽에서 매우 작은 구멍의 저압측으로부터 유출되는 추적가스를 검출할 수 있다.

Ⅷ-1010 적용범위 이 시험방법은 누설을 검출하여 위치를 탐지하는 반정량적인 방법으로서, 정량적인 방법으로 간주해서는 안 된다.

Ⅷ-1011 열전도 누설검출기 열전도 검출기 프로브 장치는 가스 또는 혼합가스의 열전도가 가스 또는 혼합가스 농도의 어떤 변화에 따라 변화하는 원리를 이용한다(즉, 누설 부위에 추적가스의 유입)

Ⅷ-1020 문서화된 절차서

Ⅷ-1021.1 요건 T-1021.1, 표 Ⅷ-1021과 이 장 또는 참조규격에서 규정한 다음 사항을 적용해야 한다.

a) 누설표준
b) 추적가스 농도
c) 시험압력
d) 적심시간
e) 주사거리
f) 압력게이지
g) 감도 입증 확인
h) 합격기준

Ⅷ-1021.2 절차서 인정 T-1021.3 및 표 Ⅷ-1021의 요건을 적용해야 한다.

표 Ⅷ-1021 열전도 검출기 프로브시험 절차서의 요건

요건	필수 변수	비필수 변수
장치 제조자 및 모델	○	
금속온도(비고 참조)(이 장에 규정된 범위를 벗어나는 변화 또는 사전에 인정된 변화)	○	
표면처리 기법	○	
추적가스	○	
시험요원 능력인정 요건(요구되는 경우)	○	
주사 속도(시스템 교정동안 실증된 최대 속도)		○
주사 방향		○
신호 발생 장치		○
시험 후 청소 기법		○
시험요원의 자격인정 요건		○

비고 : 시험하는 동안 최소 금속 표면온도는 수압, 수-기압, 기압시험에 대해 참조규격에서 규정한 온도 이하로 내려가서는 안 된다. 시험하는 동안 최소 또는 최대 온도도 또한 시험방법에 적합해야 한다.

Ⅷ-1030 장비

Ⅷ-1031 추적가스 원칙적으로 공기와 열전도가 다른 임의의 가스가 추적가스로 사용될 수 있다. 달성 가능한 감도는 가스의 상대적인 열전도 차이에 관련이 있다[즉, 배경공기(장치의 영점조정에 사용되는 공기) 및 누설 부위의 시료공기(추적가스를 포함하는 공기)]. 표 Ⅷ-1031은 사용되는 대표적인 추적가스의 일부를 기록하였다. 사용될 추적가스는 요구되는 시험감도를 근거로 선택해야 한다.

Ⅷ-1032 장치 이 Ⅷ-1011에 규정한 전자 누설검출기가 사용되어야 한다. 누출은 다음 중 하나 이상의 신호장치로 나타내어야 한다.

a) **계기(meter)** 시험장치 또는 프로브 혹은 둘 다에 있는 계기

b) **음향장치** 가청 지시음을 방출하는 스피커(speaker) 또는 헤드폰(headphone)

c) **표시등** 육안 표시등

Ⅷ-1033 모세관 교정 누설표준 이 Ⅷ-1031에 따라 선택한 100 % 추적가스를 사용하여 T-1063.2에 따른 모세관 교정 누설표준.

표 Ⅷ-1031 추적가스

상품명	화학명	화학기호
…	Helium	He
…	Argon	Ar
…	Carbon Dioxide	CO_2
냉매-11(R-11)	Trichloromonofluoromethane	CCl_3F
냉매-12(R-12)	Dichlorodifluoromethane	CCl_2F_2
냉매-21(R-21)	Dichloromonofluoromethane	$CHCl_2F$
냉매-22(R-22)	Chlorodifluoromethane	$CHClF_2$
냉매-114(R-114)	Dichlorotetrafluoroethane	$C_2Cl_2F_4$
냉매-134a(R-134a)	Tetrafluoroethane	$C_2H_2F_4$
염화메틸렌	Dichloromethane	CH_2Cl_2
플루오르황화물	Sulfur Hexafluroride	SF_6

Ⅷ-1060 교정

Ⅷ-1061 표준 누설량 이 Ⅷ-1063에서 사용하기 위해 100 % 추적가스 농도를 포함하는 이 Ⅷ-1033에 규정된 누설표준의 최대 누출율 Q는 다음과 같이 계산해야 한다.

$$Q = Q_s \frac{\%TG}{100}$$

여기서, Q_s(Pa㎥/s)는 필요한 시험감도이고, 또한 $\%TG$는 시험에 사용되는 추적가스의 농도(%)이다(이 부록 5.2 참조).

Ⅷ-1062 예열 누설표준으로 교정하기 전에 장치는 장비제조자가 규정한 최소 시간동안 예열을 해야 한다.

Ⅷ-1063 주사속도 장치는 이 Ⅷ-1061의 누설표준의 구멍을 가로질러 프로브 팁(tip)을 통과시킴으로서 교정해야 한다. 프로브 팁은 누설표준 구멍으로부터 13 ㎜ 이내로 유지해야 한다. 주사속도는 누설표준으로부터 누출율 Q를 검출할 수 있는 속도를 초과해서는 안 된다. 계기 변화를 기록하거나, 가청경보 또는 기시계 조명을 이 주사속도에 맞춰 설정해야 한다.

Ⅷ-1064 검출 시간 누설표준으로부터 누출을 검출하는데 걸리는 시간이 검출시간이며, 시스템을 교정하는 동안 관찰하여야 한다. 보통 검출된 누출지점을 정확히 지적하는데 걸

리는 시간을 줄이기 위해 가능한 한 검출시간을 짧게 유지하여야 한다.

Ⅷ-1065 교정주기 및 감도 참조규격에서 달리 규정하지 않는 한, 검출기의 감도는 시험 전·후와 시험하는 동안 4시간 간격을 넘지 않고 측정해야 한다. 임의의 교정 점검동안, 검출기가 이 Ⅷ-1063의 누설표준으로부터 누출을 검출할 수 없다는 것이 계기 변화, 가청경보 또는 기시계 조명이 나타나면, 장치를 재교정해야 하고, 최종 교정 점검 후에 시험한 부위는 재시험해야 한다.

Ⅷ-1070 시험

Ⅷ-1071 시험 장소

a) 시험부위는 시험을 방해하거나 잘못된 결과를 줄 수 있는 오염물질이 없어야 한다.

b) 가능한 한, 시험할 기기는 외풍(draft)으로부터 보호되어야 하고, 외풍이 시험의 요구 감도를 감소시키지 않는 지역에 위치해야 한다.

Ⅷ-1072 추적가스의 농도 참조규격에서 달리 규정하지 않는 한, 추적가스의 농도는 시험압력에서 최소한 체적의 10 %는 되어야 한다.

Ⅷ-1073 적심시간 시험하기 전, 시험압력을 최소 30분 동안 유지해야 한다. 실증되었을 때, 다음과 같은 경우 할로겐 가스의 즉각적인 확산으로 인해 위에 규정된 최소 허용 적심시간 미만일 수 있다.

a) 좁은 구획을 시험하기 위해 특수한 임시장치(부착상자와 같은)를 개방된 기기에 사용하는 경우

b) 할로겐 가스로 초기 가압하기 전에 기기를 부분적으로 진공화시키는 경우

Ⅷ-1074 주사거리 이 Ⅷ-1073에 따라 요구되는 적심시간 후, 검출기 프로드 팁은 시험표면위로 이동시켜야 한다. 프로브 팁은 주사하는 동안 시험표면으로부터 13 ㎜ 이내로 유지해야 한다. 교정하는 동안 좀더 짧은 주사거리가 사용되었다면, 주사거리는 시험주사 하는 동안 그 간격을 초과해서는 안 된다.

VIII-1075 주사속도 최대 주사속도는 이 VIII-1063의 결정에 따라야 한다.

VIII-1076 주사방향 공기보다 가벼운 추적가스의 경우, 시험주사는 누설시험할 시스템의 최하부에서 시작하여 점진적으로 위쪽으로 주사하여야 한다. 공기보다 무거운 추적가스의 경우, 시험주사는 누설시험할 시스템의 최상부에서 시작하여 점진적으로 아래쪽으로 주사하여야 한다.

VIII-1077 누출의 검출 누출은 이 VIII-1032에 따라 나타내고 검출되어야 한다.

VIII-1078 적용 다음은 사용하는 2가지 적용 예이다(다른 적용법도 사용될 수 있는 것에 주의한다).

VIII-1078.1 튜브시험 튜브형 열교환기를 시험할 때 튜브 벽을 관통하는 누설을 검출하기 위하여, 검출기 프로브 팁을 각 튜브 끝 안으로 삽입하고, 실증에 의해 설정된 기간 동안 유지해야 한다.

VIII-1078.2 튜브-튜브시이트 이음부시험 튜브-튜브시이트 이음부는 캡슐(encapsulator) 방법으로 시험할 수 있다. 캡슐은 프로브 팁에 부착된 소구경 끝단부와 튜브-튜브시이트 이음부위에 위치한 대구경 끝단부가 있는 깔대기(funnel)형으로 되어 있다. 이 캡슐이 사용되는 경우, 검출시간은 누설표준의 구멍에 캡슐을 설치하고 장비 응답표시에 필요한 시간을 보고 결정한다.

VIII-1080 평가

VIII-1081 누출 참조규격에 달리 규정하지 않는 한, 이 VIII-1061에 따라 결정된 최대 누출율 *Q*를 초과하는 누출이 검출되지 않으면 그 시험 부위를 합격으로 한다.

VIII-1082 수리/재시험 부적합한 누출이 검출되는 경우, 누설 위치를 표시해야 한다. 시험 후 기기를 감압시키고, 참조규격에 따라 누설부를 수리해야 한다. 수리가 완료된 후, 수리 부위(들)는 이 부록의 요건에 따라 재시험해야 한다.

강제 부록

부록 IX 헬륨 질량분광기 시험-후드(hood)법

IX-1010 **적용범위** 이 시험기법은 진공시킨 기기내의 미량의 헬륨가스를 각각 검출하고 측정하기 위한 헬륨 질량분광기의 사용방법을 규정한다.

후드법 시험의 경우, 이 고감도 누설검출기는 압력이 서로 다른 두 영역으로 분리된 진공싸개 또는 장벽에서 매우 작은 구멍을 모두 후드로 덮은 고압측으로부터 유출되는 전체 헬륨가스를 검출하고 측정할 수 있게 한다. 후드법은 정량적인 측정법이다.

IX-1020 일반사항

IX-1021 문서화된 절차서

IX-1021.1 **요건** T-1021.1, 표 IX-1021과 이 장 또는 참조규격에서 규정한 다음 사항을 적용해야 한다.

a) 장치 누설표준

b) 시스템 누설표준

c) 진공측정

d) 합격기준

IX-1021.2 **절차서 인정** T-1021.3 및 표 IX-1021의 요건을 적용해야 한다.

IX-1030 장비

IX-1031 **장치** 미량의 헬륨을 감지하여 측정할 수 있는 헬륨 질량분광기 누설검출기가 사용되어야 한다. 누출은 시험장치의 계기 또는 시험장치에 부착된 계기로 나타내어야 한다.

IX-1032 보조장비

a) **변압기** 선 전압이 변동되기 쉬운 경우, 정전압 변압기를 장치와 연결하여 사용해야 한다.

표 IX-1021 헬륨 질량분광기 후드 시험 절차서의 요건

요건	필수 변수	비필수 변수
장치 제조자 및 모델	○	
금속온도(비고 참조)(이 장에 규정된 범위를 벗어나는 변화 또는 사전에 인정된 변화)	○	
표면처리 기법	○	
후드내의 추적 가스의 최소 농도를 정하는 기법	○	
시험요원 능력인정 요건(요구되는 경우)	○	
후드 재료		○
진공 펌핑(pumping) 시스템		○
시험 후 청소 기법		○
시험요원의 자격인정 요건		○

비고 : 시험하는 동안 최소 금속 표면온도는 수압, 수-기압, 기압시험에 대해 참조규격에서 규정한 온도 이하로 내려가서는 안 된다. 시험하는 동안 최소 또는 최대 온도도 또한 시험방법에 적합해야 한다.

b) **보조 펌프시스템** 시험시스템의 크기가 보조 진공 펌프시스템의 사용을 필요로 할 때, 최종 절대압과 그 시스템 펌프의 속도능력은 요구되는 시험감도 및 응답시간을 얻는데 충분해야 한다.

c) **매니폴드(manifold)** 장치게이지, 보조펌프, 교정 누설표준 및 시험 기기와 적절히 접속된 파이프 및 밸브로 구성된 시스템.

d) **추적자 프로브** 헬륨가스의 미세한 흐름 방향을 찾기 위해 다른 쪽 끝에 밸브형 미세 구멍이 있는 100% 헬륨원과 접속된 튜브.

e) **진공게이지** 진공시킨 시스템이 시험되는 동안 그 절대압을 측정할 수 있는 진공게이지. 대형시스템용 게이지는 펌프시스템의 입구로부터 가능한 한 떨어진 시스템에 배치해야 한다.

IX-1033 교정 누설표준 참조규격에서 달리 규정하지 않는 한, 최대 헬륨 누설율이 1×10^{-7} Pa㎥/s인 T-1063.1에 따른 모세관형 교정 누설표준이 사용되어야 한다.

IX-1050 기법

IX-1051 침투 응답시간(예, 낮은 헬륨 질량분광기 처리량)이 긴 시스템이 시험될 경우,

비금속 밀봉재로의 헬륨 침투는 잘못된 결과를 초래할 수 있다. 이와 같은 경우, 가능한 한 그러한 밀봉재를 국부적으로 후드시험을 하거나, 밀봉재가 시험할 필요가 없다면 후드로부터 밀봉재를 제외시키는 것이 권고된다.

Ⅸ-1052 반복시험 또는 유사시험 반복시험의 경우나 이전의 유사시험으로부터 시험시간을 알고 있는 경우, 이 Ⅸ-1062.4에 따른 예비 교정은 생략할 수 있다.

Ⅸ-1060 교정

Ⅸ-1061 장치 교정

Ⅸ-1061.1 예열 누설표준으로 교정하기 전에 장치는 장비제조자가 규정한 최소 시간동안 예열을 해야 한다.

Ⅸ-1061.2 교정 장치가 최적화되거나 적합한 감도에 있도록 설정하기 위해 T-1063.1에 규정한 침투형 누설표준을 사용하여 장비 제조자의 운전 및 유지 설명서에 따라 헬륨 질량분광기를 교정한다. 장치는 헬륨에 대해 최소한 1×10^{-10} Pam^3/s의 감도를 가져야 한다.

Ⅸ-1062 시스템 교정

Ⅸ-1062.1 **표준 누설량** 100 % 헬륨으로 T-1063.1에서 규정한 교정 누설(CL)표준은 장치 접속부에서 기기까지의 사이를 가능한 한 멀리 떨어지게 하여 기기에 접속시켜야 한다.

Ⅸ-1062.2 **진공 및 응답시간** 헬륨 질량분광기를 시스템에 접속하기 충분한 절대압까지 진공시킨 기기의 경우, 시스템은 누설표준을 시스템에 개방시켜 교정해야 한다. 누설표준은 장비신호가 안정될 때까지 개방되어 있어야 한다.

누설표준이 기기에 처음 개방되고, 출력신호의 증가가 안정된 시간을 기록한다. 두 읽은 값 사이의 경과시간이 응답시간이다. 안정된 장치의 눈금 값을 읽어 M_1로 기록한다.

Ⅸ-1062.3 **배경 읽은 값**(비고 참조) 배경 읽은 값 M_2는 응답시간을 측정한 후에 설

정한다. 교정 누설표준은 시스템을 폐쇄하고, 장치의 눈금 값이 안정되었을 때 그 값을 기록해야 한다.

비고 : 시스템 배경 잡음. 기호의 정의는 비강제 부록 A를 참조한다.

IX-1062.4 **예비 교정** 예비 시스템 감도는 다음과 같이 계산해야 한다.

$$S_1 = \frac{CL}{M_1 - M_2} = \text{Pam}^3/\text{s/div}$$

누설검출기 설정[예, 보조 펌프로 바이패스(bypass)되는 헬륨 비율의 변화]에 임의의 변화가 있거나 누설표준에 임의의 변화가 있는 경우, 교정을 반복해야 한다. 누설표준은 예비 시스템 감도 교정을 완료한 후 시스템으로부터 격리시켜야 한다.

IX-1062.5 **최종 교정** IX-1071.4에 따라 시스템의 시험이 완료되고, 기기를 후드아래에 놓은 상태에서, 누설표준은 시험되는 시스템으로 다시 개방해야 한다. 장치 출력의 증가분을 읽어 M_4로 기록하고, 다음과 같이 최종 시스템감도를 계산하는데 사용해야 한다.

$$S_2 = \frac{CL}{M_4 - M_3} = \text{Pam}^3/\text{s/div}$$

최종 시스템 감도 S_2가 초기 시스템 감도 S_1을 35 % 이상 아래로 감소하는 경우, 장치는 세척 및/또는 수리, 재교정하고, 기기를 재시험해야 한다.

IX-1070 시험

IX-1071 표준 기법

IX-1071.1 **후드** 단일벽 기기 또는 부품의 경우, 후드(싸개) 용기는 플라스틱과 같은 재료로 만들어도 된다.

IX-1071.2 **추적가스를 이용한 후드의 충전** 이 IX-1062.4에 따라 예비 교정을 완료한 후, 기기의 외면과 후드 사이의 공간을 헬륨으로 채워야 한다.

IX-1071.3 **후드 추적가스 농도의 추정 또는 측정** 후드 밀폐공간 내의 추적가스 농도를 추정하거나 측정해야 한다.

IX-1071.4 **시험 유지시간** 헬륨으로 후드를 충전한 후, 장치 출력 값 M_3은 이 IX-

1062.2에서 측정된 응답시간과 동일한 시험시간 동안 기다린 후에 또는 출력신호가 안정되지 않으면 출력신호가 안정화될 때까지 기다린 후에 읽어 기록해야 한다.

IX-1071.5 측정된 시스템 누출율 이 IX-1062.5에 따라 최종교정이 완료된 후에, 시스템 누출율은 다음과 같이 결정해야 한다.

a) 출력신호의 변화가 더 이상 생기지 않는 곳(즉, $M_2 = M_3$)에서 시험하는 경우, 시스템 누출율은 "시스템의 검출가능한 범위 이하" 및 시험 중인 품목을 합격으로 보고해야 한다.

b) 출력신호(M_3)가 눈금에 남아 있는 곳에서 시험하는 경우, 누출율은 다음과 같이 계산해야 한다.

$$Q = \frac{S_2(M_3 - M_2) \times 100}{\%TG} \text{ Pam}^3/\text{s}$$

여기서, $\%TG$는 후드내에 있는 추적가스의 농도이다. 이 IX-1071.3 참조

c) 출력신호(M_3)가 시스템의 검출가능 범위를 초과하는 곳에서 시험하는 경우, 시스템 누출율은 "시스템의 검출가능 범위 초과" 및 시험 중인 품목을 불합격으로 보고해야 한다.

IX-1072 대체 기법

IX-1072.1 시스템 보정 인자 누출율 단위로 된 헬륨 질량분광기 누설 지시계의 경우, 읽은 값을 눈금 값으로 바꾸는 대신 실제 지시계 누출율 단위를 이용하여야 한다면 시스템 보정인자(SCF)를 이용할 수 있다(예, M_1, M_2, M_3 및 M_4의 값은 Pam³/s 단위의 헬륨 질량분광기로부터 직접 읽어야 한다).

IX-1072.2 대체 공식 다음 공식은 이 IX-1062에 규정된 것을 대신하여 사용해야 한다.

a) **예비 교정(IX-1062.4에 따라)** 예비 시스템 보정 인자(PSCF)는 다음과 같이 계산해야 한다.

$$PSCF = \frac{CL}{M_1 - M_2}$$

b) **최종 교정(IX-1062.5에 따라)** 최종 시스템 보정 인자(FSCF)는 다음과 같이 계산해야 한다.

$$FSCF = \frac{CL}{M_4 - M_3}$$

최종 시스템 보정 인자(FSCF)가 예비 시스템 보정 인자(PSCF)를 35 % 이상 아래로 감소하는 경우, 장치는 세척 및/또는 수리, 재교정하고, 기기를 재시험해야 한다.

c) **측정된 시스템 누출율(IX-1071.5에 따라)** 시스템 누출율은 다음과 같이 계산해야 한다.

$$Q = \frac{[FSCF(M_3 - M_2)] \times 100}{\% TG} \text{ Pam}^3\text{/s}$$

IX-1080 평가 참조규격에 달리 규정하지 않는 한, 측정 누출율 Q가 헬륨의 1×10^{-7} Pam³/s 이하이면 시험한 기기를 합격으로 한다.

IX-1081 누출 누출율이 허용가능한 값을 초과할 때, 모든 용접부 또는 기타 의심스러운 부위는 추적자 프로브법을 사용하여 재시험해야 한다. 모든 누설부는 표기해야 하고, 추적자 프로브 재시험을 완료하기 위해 임시로 밀봉해야 한다. 임시 밀봉재는 시험이 완료된 후 쉽고 완전하게 제거될 수 있는 형태이어야 한다.

IX-1082 수리/재시험 시험 후 기기를 배기시키고, 참조규격에 따라 누설부를 수리해야 한다. 수리가 완료된 후, 수리부위(들)는 이 부록의 요건에 따라 재시험해야 한다.

강제 부록

부록 X 초음파 누설검출기 시험

X-1000 개요 이 기법은 압력이 서로 다른 두 영역으로 분리된 싸개 또는 장벽에 있는 매우 작은 구멍의 저압측으로부터 가스유출에 의해 발생하는 초음파 에너지를 검출하기 위한 초음파 누설검출기의 사용을 규정한다.

a) 이 기법은 감도(최대 감도가 1×10^{-3} Pa㎥/s)가 낮기 때문에 치사적 물질 또는 해로운 물질을 저장하는 압력용기의 적합성 시험에 사용해서는 안 된다.

b) 이 시험방법은 누설을 검출하여 위치를 탐지하는 반정량적인 방법으로서, 정량적인 방법으로 간주해서는 안 된다.

X-1020 일반사항

X-1021 문서화된 절차서

X-1021.1 요건 T-1021.1, 표 X-1021과 이 장 또는 참조규격에서 규정한 다음 사항을 적용해야 한다.

a) 누설표준

b) 시험압력

c) 적심시간

d) 압력게이지

e) 합격기준

X-1021.2 절차서 인정 T-1021.3 및 표 X-1021의 요건을 적용해야 한다.

X-1030 장비

X-1031 장치 주파수가 20~100 ㎑ 범위인 음향에너지를 검출할 수 있는 전자식 초음파 누설검출기가 사용되어야 한다. 누출은 다음 중 하나 이상의 신호장치로 나타내어야 한다.

표 X-1021 초음파 누설시험 절차서의 요건

요건	필수 변수	비필수 변수
장치 제조자 및 모델	○	
금속온도(비교 참조)(이 장에 규정된 범위를 벗어나는 변화 또는 사전에 인정된 변화)	○	
표면처리 기법	○	
시험요원 능력인정 요건(요구되는 경우)	○	
가압가스	○	
주사거리(시스템 교정동안 실증된 최대 거리)		○
주사속도(시스템 교정동안 실증된 최대 속도)		○
주사방향		○
신호 발생장치		○
시험 후 청소 기법		○
시험요원의 자격인정 요건		○

비고 : 시험하는 동안 최소 금속 표면온도는 수압, 수-기압, 기압시험에 대해 참조규격에서 규정한 온도 이하로 내려가서는 안 된다. 시험하는 동안 최소 또는 최대 온도도 또한 시험방법에 적합해야 한다.

a) **계기(meter)** 시험장치 또는 프로브 혹은 둘 다에 있는 계기

b) **음향장치** 가청 지시음을 방출하는 스피커(speaker) 또는 헤드폰(headphone)

X-1032 모세관 교정누설표준 제10장 T-1063.2에 따른 모세관 교정 누설표준.

X-1060 교정

X-1061 표준 누설량 참조규격에서 달리 규정하지 않는 한, 이 X-1032의 누설표준에 대한 최대 누출율 Q는 1×10^{-2} Pam³/s이다.

X-1062 예열 교정하기 전에 검출기는 장비제조자가 규정한 최소 시간동안 예열을 해야 한다.

X-1063 주사속도 누설표준은 압력이 조정된 가스 공급기에 부착해야 하고, 압력은 시험에 사용될 누설표준으로 설정해야 한다. 검출기는 시험하는 동안 사용되는 최대 주사거리

에서 누설표준 쪽으로 검출기/프로브를 향하게 하여 교정해야 하고, 검출기는 검출기/프로브가 누설표준을 가로질러 주사되도록 가청신호의 계기 변화 및/또는 피치(pitch)를 기록하여 교정해야 한다. 주사속도는 누설표준으로부터 누출율 Q를 검출할 수 있는 속도를 초과해서는 안 된다.

X-1064 **교정주기 및 감도** 참조규격에서 달리 규정하지 않는 한, 검출기의 감도는 시험 전후와 시험하는 동안 4시간 간격을 넘지 않고 측정해야 한다. 임의의 교정 점검동안, 검출기/프로브가 이 X-1063에 따른 누출을 검출할 수 없다는 것이 계기 변화 또는 가청경보가 나타나면, 장치를 재교정해야 하고, 최종 교정 점검 후에 시험한 부위를 재시험해야 한다.

X-1070 시험

X-1071 **시험 장소** 가능한 한, 시험할 기기는 누설을 감지할 수 없게 하는 주변 잡음 또는 시스템 잡음신호를 발생하는 다른 장비 또는 구조물로부터 멀리하거나 격리시켜야 한다.

X-1072 **적심시간** 시험하기 전, 시험압력을 최소 15분 동안 유지해야 한다.

X-1073 **주사거리** 이 X-1072에 따라 요구되는 적심시간 후, 검출기를 시험표면위로 이동시켜야 한다. 이 X-1063의 최대 주사속도를 결정하기 위해 사용된 주사거리를 초과해서는 안 된다.

X-1074 **주사속도** 최대 주사속도는 이 X-1063의 결정에 따라야 한다..

X-1075 **누출의 검출** 누출은 이 X-1031에 따라 나타내고 검출되어야 한다.

X-1080 평가

X-1081 **누출** 참조규격에 달리 규정하지 않는 한, 1×10^{-2} Pa㎥/s의 허용 누출율을 초과하는 누출이 검출되지 않으면 그 시험 부위를 합격으로 한다.

X-1082 수리/재시험 부적합한 누출이 검출되는 경우, 누설 위치를 표시해야 한다. 시험 후 기기를 감압시키고, 참조규격에 따라 누설부를 수리해야 한다. 수리가 완료된 후, 수리 부위(들)는 이 부록의 요건에 따라 재시험해야 한다.

X-1090 문서화

X-1091 시험보고서 시험보고서는 다음 정보를 포함해야 한다.

a) 절차서 식별번호 및 개정번호

b) 제조자 및 장치의 모델번호

c) 교정 표준 누설량 및 일련번호

d) 가압가스 및 시험압력

e) 적심시간

f) 최대 주사거리 및 속도

g) 불합격 누출 혹은 건전 부위의 개략도 또는 기록

h) 용접부 또는 주사부위의 식별표시

i) 시험요원의 성명

j) 시험일자

X-1092 성능실증 보고서 참조규격에서 요구되는 경우 성능실증을 기록해야 한다.

비강제 부록

부록 A 보충 누설시험 공식의 기호

A-10 공식의 적용성

a) 이 장의 식은 사용된 기법에 대하여 계산되는 누출율에 대해 규정한다.

b) 아래에 규정된 기호는 해당 부록의 식에 사용된다.

1) 시스템 감도계산 :

S_1=예비 감도(감도의 계산), Pam³/s/div

S_2=최종 감도(감도의 계산), Pam³/s/div

2) 측정된 시스템 누출율 계산 :

Q=측정된 시스템 누출율(추적가스 농도에 대하여 보정된 것), Pam³/s

3) 시스템 보정인자 :

$PSCF$=예비 시스템 보정인자

$FCSF$=최종 시스템 보정인자

4) 추적가스 농도 :

$\%TG$=추적가스의 농도, %

5) 교정된 표준

CL=교정 누출율, Pam³/s

6) 장치의 판독순서

M_1=기기에 개방된 교정 누설표준을 이용한 시험전의 계기 읽은 값, (눈금, Pam³/s)

M_2=기기에 닫혀진 교정 누설표준을 이용한 시험전의 계기 읽은 값, (눈금, Pam³/s) (시스템 배경잡음 읽은 값)

M_3=닫혀진 교정 누설표준을 이용한 계기 읽은 값(기기의 누설기록), (눈금, Pam³/s)

M_4=개방된 교정 누설표준을 이용한 계기 읽은 값(기기의 누설기록), (눈금, Pam³/s)

【 찾아보기 】

ㄱ

가스흐름률	gas flow rate	86
가압법	Pressure test	31, 38
가압적분법		71
가열양극법	heated anode method	54
가열침지법		47
감압법		82
검출프로브법		69
게이지압력	gage pressure	21
광 고온계	optical pyrometer	12
교란 흐름	turbulent	27
기밀시험		9
기포누설시험	bubble test	31

ㄴ

내압시험		7
누설	leak	5
누설감도	sensitivity of leak test	18
누설율	leak rate	18

ㄷ

돌턴의 분압법칙		23
동적 누설시험	dynamic leak test	18

ㅁ

몰분율		24
면적식유량계		17

ㅂ

발포액		36
방사온도계	radiation pyrometer	12
배경신호	background singnal	19
배기시간	pump down time	19
보일-샤를의 법칙		23
보일의 법칙		23
분자누실	molecular leak	19
분자흐름	molecular flow	27
비접촉식온도계		12

ㅅ

색온도계		12

샤를의 법칙 23
수압시험 hydrostatic test 19

ㅇ

압력 pressure 21
압력계 pressure gage 13
압력변화시험 74
액면계 16
열전대온도계 12
유량계 17
유리관식액면계 16
음향누설검출기 audio leak indicator 94
음향누설시험 audio leak testing 94
음향흐름 sonic flow 28
이상기체 ideal gas 19

ㅈ

전이흐름 transition flow 28
전자포획법 59
절대압력 absolute pressure 22
점성흐름 viscous flow 27
접촉식 온도계 11
증기압 vapor pressure 20
진공 vaccum 83
진공상자 vaccum box 42
진공상자법 vaccum box technigne 40
진공압력 22
진공용기법 bell jar testing 72
진공적분법 69
진공침지법 46
진공후드법 68

ㅊ

추적가스 tracer gas 49
추적프로브법 67
층상흐름 laminar flow 27
침지법 dipping method 45

ㅌ

탈기체 outgassing 84

ㅍ

평균자유행로 mean free path 26
표준누설 standard leak 20

표준대기압	atmospheric pressure	22
프로브가스	prove gas	19
	ㅎ	
할라이드 토치법	halide torch	58
할로겐 누설시험	halogen leak testing	47
흐름률	flow rate	86
흡인법	suction cup	71
흡입탐촉자		21
Pascal		21
SI		21

| 참고 문헌 |

1. Nondestructive Testing Handbook Vol 1. LeakTesting

2. 비파괴검사학호 자격인정교재 제6권 누설검사; 탁경주, 골드

3. 비파괴검사 시리즈 V 누설검사 ;골드

4. ASME Code Sec. V, Art. 10

5. KS-A- 0087

6. KEPIC-MEN-8000 누설검사

7.비파괴검사 용어사전 ; 세진사

■ 著者略歷 ■

이 용

- 한양대학교 재료공학과 졸업
- 대우조선해양(주) QA부장
- 한전KPS(주) 처장
- Magnaflux Corp(미국) NDT연수(Level III)
- 비파괴검사 기술사

現, 케이엔디티엔아이(주) 부회장

탁 경 주

- 전북대학교 금속공학과 졸업
- ASNT Level III(RT, UT, MT)
- 방사선동위원소 취급자 일반면허
- 비파괴검사기사(RT, PT, LT, ECT)

現, 한국산업인력공단 순천직업전문학교 교사

비파괴검사 이론 & 응용 ❽

누설검사

발 행 일	2012년 1월 10일
초판 2쇄	2019년 8월 1일
저 자	한국비파괴검사학회
	이용, 탁경주
발 행 인	박승합
발 행 처	노드미디어
등 록	제 106-99-21699 (1998년 1월 21일)
주 소	서울특별시 용산구 한강대로 341 대한빌딩 206호
전 화	02-754-1867
팩 스	02-753-1867
홈페이지	http://www.enodemedia.co.kr
I S B N	978-89-8458-250-7-94550
	978-89-8458-249-1-94550 (세트)

정가 23,000원